# 写给孩子的相对论

## 神奇的光速

傅渥成✦著

中国纺织出版社有限公司

# 伟大的相对论

毫不夸张地说，相对论是人类思想史上一颗璀璨的明珠。中学读白杨礼赞，茅盾老爷子对“麦浪”二字赞不绝口，说那是锤炼的语言精华，或是妙手偶得之。相对论的诞生也是锤炼的思想精华，经过许多大物理学家反复的思考和论证，最后在爱因斯坦这位科学巨子手中正式产生，也让这位当时在物理学界默默无闻的专利局工作人员顿时名声大噪，成了跟牛顿齐名的大家。

狭义相对论的问题基于几个著名的实验，其中最重要的就是光速测量的实验。实验人员发现，在地球上测量得到的光速居然是不变的。当时很多人都无法解释这个问题，因为按照之前物理学界统一的认识，光速应该叠加上地球的运动。光速不变的结果引发了很多物理学家的思考，比如著名的物理学家洛伦兹。跟爱因斯坦一样，他们都在思考同一个问题，如果以光速运动会看到什么现象？其中洛伦兹通过一系列假设推导出了洛伦兹变换，也就是爱因斯坦采用的速度变换公式。

不过这个问题最终以爱因斯坦通过两条假设天才般地给出了洛伦兹变换，并由此推导出运动坐标系中的尺缩效应和钟慢效应。狭义相对论也由此确立并得到了大多数物理学家的公认。其实当时还有少数物理学家对相对论存在不同的意见，直到爱因斯坦被提名诺贝尔奖，但他获奖的理由是在光电效应方面的研究，而不是更应该获奖的相对论。

发现狭义相对论使爱因斯坦成为举世闻名的科学家。不过狭义相对论对于爱因斯坦来说只是小试牛刀，广义相对论才是他老人家的学术顶峰。也曾经有人断言，即使爱因斯坦不发现狭义相对论，也会被其他科学家发现，因为当时这个问题已经提得非常精锐，到了必须解决的程度。而广义相对论完全是爱因斯坦独立思考的结果，这一发现是超越当时大

多数科学家的。爱丁顿去测量水星在近日点的进动之前，很少有人相信广义相对论。因为广义相对论对光线弯曲角度的计算，是经典力学的两倍。这个结果被爱丁顿的观测证实之后，爱因斯坦一战封神，也由此奠定了比肩牛顿的地位。

重温这一段历史，我们看到任何科学发现都不是一帆风顺的，都是在不断地斗争和完善中。相对论过于抽象，并且和日常生活的经验并不吻合，所以在理解和学习相对论的时候往往会存在一些困难。也由于这些原因，相对论是我最不愿意去科普的内容，毕竟一个我自己学起来也觉得有困难的内容，把这些内容给非专业的读者讲清楚难度更大，更不用说是给讲给小学生了。

这套《写给孩子的相对论》通过讲故事的形式，用非常通俗易懂的语言给孩子来讲述相对论，是一部良心作品。例如书中对尺缩效应、钟慢效应和时间膨胀都用了浅显易懂的故事来讲述，让孩子们容易理解，也更容易让他们产生兴趣。当然，真正掌握相对论的相关知识还需要进行更加深入的学习。

相对论效应是今天很多科技应用的基础。航天，尤其是导航定位中相对论效应被广泛应用，比如北斗导航中相对论校正是必不可少的一个环节，也是实现精确定位的基础。广义相对论效应也是星际通信和导航中必须仔细考虑的技术环节。希望有更多的孩子通过这本书，了解和掌握相对论的基本知识，将来成为对国家有用的科技人才。

刘勇

2024 年 9 月

序言

# 伟大的物理学理论

你是否听说过相对论呢？在物理学里，甚至在所有学科里，提到著名且伟大的理论，相对论占有一席之地。爱因斯坦和霍金这两位伟大科学家的成就离不开相对论，他们用相对论颠覆了人类对时空和宇宙的看法，还吸引无数人爱上科学、爱上物理。

据说，在相对论刚提出的时候，全世界只有三个人能理解。本书就介绍一下这个人类史上超级著名且伟大的物理学理论，希望每一个小朋友都可以感受到它的魅力。

你可能会有一个疑问：每一个小朋友都能感受到相对论的魅力？这可能吗？直到现在，相对论也是一门高深的学问，小朋友们能轻而易举地学会吗？关于这一点，大家不用担心。从两个角度来看，相对论非常适合小朋友们学习。

首先，相对论与小朋友们喜欢的科幻故事息息相关，许多科幻故事的基本设定都与时空和宇宙相关。我们只有理解了相对论，才能读懂这些设定，才能体会到故事的精妙之处。比如说，在《三体》这本书中，三体人要跨越好几个光年的距离才能来到地球，那么我们想一下，他们的速度要达到多大才能及时飞过来呢？在电影《星际穿越》里，虫洞帮助人类寻找到了新的星球，可虫洞是怎么形成的呢？

这些精彩的科幻故事背后的物理原理，本书都会为你一一道来。不管是狭义相对论里的钟慢尺缩效应、同时的相对性，还是广义相对论里的黑洞、虫洞、引力波，这些知识会让你一看就入迷，你甚至会感觉学习相对论比听科幻故事更精彩！

小学时期是接触相对论的黄金期，正因为小朋友们还没有正式学习中学物理中的许多概念，而想象力又非常丰富，因此在接受相对论所描述的物理图像时，反而会减少很多阻

力。仔细想想，你的脑子里是不是每天都有一些奇奇怪怪的想法？而相对论恰好也是以脑洞大开闻名的。所以，对于很多成年人来说学习起来非常困难的相对论内容，在小朋友们看来，也许只是一部想象力丰富的动画片罢了。

其次，相对论离我们的生活并不遥远。相对论里的很多知识都出现在初中物理课本中，几年后小朋友们就会学到。

比如说，相对论比较有名的结论之一：当一艘飞船的速度接近光速的时候，时间会变慢、距离会缩短。要想理解这个神奇的现象，就必须理解速度、时间的概念。而这些，正好是初中物理课本里的重点章节。

再比如，很多人都知道原子弹、核电站的发明与相对论里的公式 $E=mc^2$ 有关。而这个公式里的 $E$（能量）和 $m$（质量），都是初中物理的必学内容。

本书在介绍相对论的同时，会穿插介绍一些中学物理课程涉及的基础知识，这些内容可以帮助小朋友在理解相对论的同时，为今后的物理学习打下良好的基础。

说了这么多，还没有正式自我介绍一下——傅渥成，一名物理学研究者。博士期间曾代表中国青年科学家参加诺贝尔奖获得者大会；曾在培养了 11 位诺贝尔奖得主的东京大学读博士后；目前是香港浸会大学物理系助理教授。笔者在物理学杂志《物理评论快报》上发表过 2 篇论文，这个杂志有什么厉害之处吗？它当年拒绝过爱因斯坦的论文哦，让爱因斯坦都生了闷气。关于这个有趣的故事，本书也会聊一聊。

除了科研，笔者还十分热爱科普工作，从大学开始，就在知乎上回答物理问题，现在已经收获了 20 多万粉丝；在得到 App 上，笔者解读了十多本科学图书，受到很多赞扬；此外，笔者还出版过很多书籍。10 多年来，从事科普写作的字数超过 100 万字，尤其对相对论的科普讲解更是驾轻就熟，靠谱、准确、有趣都不在话下。

现在，我正式邀请你搭乘我的宇宙飞船，把速度加到接近光速，在宇宙里进行一次相对论之旅吧！

傅渥成

目录

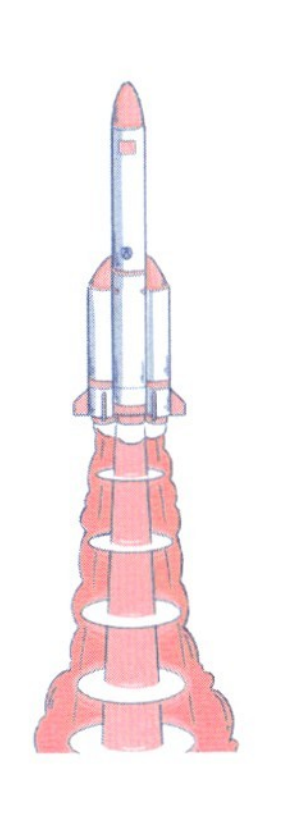

# 1 光速和时空旅行

你听说过“时空旅行”吗？其实，时空旅行和相对论有着直接的关系，有了相对论，才有了“时空旅行”。

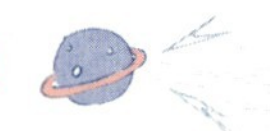

# 光速——物理学中的速度极限

关于光速，要先从我们日常生活中的旅行讲起。随着科技发展，交通也越来越多样，越来越发达，旅行就更加方便了。比如，从上海到北京，记得我小时候坐绿皮火车需要将近 20 小时，在火车上睡一晚上才能到。但现在最快的复兴号列车，最高时速可达 400 千米 / 小时，4 个多小时就能跑完全程了。可能有人会觉得 4 个多小时还是太久了，如果列车的速度能再快一点儿就更好了。

那最快能快到什么程度呢？物理学给出了速度的极限。在宇宙中，物质运动的最快速度就是光速，也就是光“跑”出来的速度，大约 30 万千米 / 秒。如果能以这个速度旅行，在上海和北京之间跑 100 个来回都用不了 1 秒的时间——这个旅行速度，是不是快多了？

有些小朋友会说：如果真的有这么快的交通工具，那仅仅让它在地球上跑，实在是太委屈它了，应该拿来做星际旅行啊！想法很好，但认真想起来，用光速来进行星际旅行其实也是有问题的。

光速确实很快，那么光速到底有多快呢？通常我们说光速大约是 3 亿米 / 秒，其实光速的精确值为 2 亿 9979 万 2458 米 / 秒。普通飞机的速度大约为 800 千米 ~900 千米 / 小时，换算成“米 / 秒”的单位就是 250 米 / 秒，也就是说，光速大约是飞机速度的 120 万倍。

光 1 秒钟可以绕地球 7 圈半，如果能有达到光速的交通工具，那无论去地球上的哪个角落，都特别方便、特别快。人类目前已发射的、跑得最远的交通工具是“旅行者号”探测器，一般认为，它们已经飞了 40 多年，现已到达太阳系的边缘，距离我们地球超过 190 亿千米了。但这点距离，用光速的话，飞 17 小时就能追上了。

不过，宇宙实在是太大了。宇宙的大部分地方都是空的，几乎什么东西都没有。离太阳最近的恒星——换句话说，也就是除太阳外离我们地球最近的恒星，叫“半人马座 α 星 C”。

你可能听说过，它也叫**比邻星**，科幻作家刘慈欣在《流浪地球》里给地球安排的避难所，就是这颗恒星。这颗恒星距离我们有多远呢？答案是 4 光年左右。这里的“光年”和“厘米”“米”“千米”等一样，是一个长度单位，它指的是光在真空中 1 年时间内传播的距离。根据这个定义，从地球出发，用光速赶往比邻星，要花整整 4 年才能到达。

跟我们平时的旅行相比，这可真是漫长的旅途啊！这还是除太阳外离我们地球最近的恒星，其他的恒星都在更远的地方。

比如动画片中大名鼎鼎的 **M78 星云**——奥特曼的故乡，距离我们有 300 万光年。奥特曼们即使用光速飞来，也得飞上 1000 多年。如果按照初代奥特曼的设

**傅博士物理小知识**

**比邻星**由英国天文学家罗伯特·因尼斯于 1915 年在南非约翰尼斯堡联合天文台发现。比邻星是一颗红矮星，质量只有太阳的八分之一左右，半径也只有太阳的 15%。半人马座 α 星 A、半人马座 α 星 B 和半人马座 α 星 C 共同构成了半人马 α 三星系统，即中国古代天体命名系统中的南门二。

**M78 星云**是位于猎户座的一个反射星云，它最早在 1780 年被天文学家们观测发现，而奥特曼系列中的 M78 星云更准确地来说其实是一个虚构的存在，在动画作品中，它与地球的距离被设定为 300 万光年。

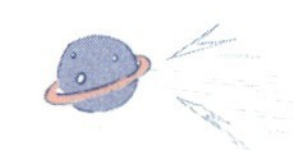

定，飞行速度 5 马赫，也就是五倍音速的话，那更不知道要飞多久，才能来到地球了。

千万不要惊讶，宇宙比这还大得多得多。银河系的直径有 10 万光年，而目前科学家可以观测到的宇宙，直径有 930 亿光年——想想看，如果我们以光速来一趟环宇宙之旅，那至少得花 900 多亿年，这显然不可行。

可能你会想，我们想办法突破一下光速不就好了。努努力，提升到两倍光速；再不行，发挥一下主观能动性，提升到 4 倍光速。这样旅行的时间不就被大大压缩了吗?

这个想法相当不错！但是，相对论告诉我们，这种想象是不现实的。在我们人类已有的科学知识里，光速就是宇宙中物体运动的最大速度，它是无法超越的。一旦超越了，将会出现很多奇怪甚至充满矛盾的物理现象，这些后文会细讲。这里你只需要记住，相对论告诉我们：**光速是不可超越的**，人类在宇宙中旅行的最大速度，就是光速了。

### 傅博士物理小知识

马赫是速度与音速的比值，只是一个相对值，1 马赫即 1 倍音速（音波可以在固体、液体或气体介质中传播，介质密度愈大，音速愈快，所以马赫的大小不是固定的），马赫小于 1 为亚音速，马赫大于 5 为超高音速；马赫是飞行的速度和当时飞行的音速比值，大于 1 表示比音速快，同理，小于 1 是比音速慢。马赫是奥地利物理学家恩斯特·马赫（Ernst Mach，1838—1916）的名字，由于是他首次引用这个单位，所以用他的名字来命名。

## 宇航员的时间相对论：没有两个人的时间是一模一样的

或许有的同学会感觉非常遗憾：最长寿的人类也才只有 100 多岁，谁也撑不过这个时间。照这么说的话，人类是不是被囚禁在一个方圆 100 多光年的范围内了呢？如果这个范围里没有外星人，人类文明就只能一直孤独下去了？

大家不用这么悲观，因为相对论又要来解救我们了。从相对论的角度来看，前文这种悲观的想法纯粹是一种科学上的错误，有了相对论的加持，人类还是能够在宇宙里进行时空旅行的。这是因为，相对论里有一条奇妙的规律：**当物体运动的速度接近光速的时候，距离会变短，而时间的流逝会变得非常缓慢。**

假设一位年轻的宇航员驾驶飞船，以接近光速飞向比邻星，那么 4 光年的距离在他眼里就只有一步那么远，一闭眼一睁眼，就飞到了！这段旅程在宇航员看来只是一瞬间，而外界的人已经度过 4 年时间了。

同样，宇航员到达比邻星执行完任务，或许他会在那边放松放松，喝上一杯茶，然后返回地球，也是一瞬间就回来了。而对于我们留在地球上的人来说，又是 4 年过去了。

也就是说，我们足足等了 8 年，而宇航员却只是喝了一杯茶的时间。这 8 年过去，你的小学早就毕业了，或许还高中毕业、上大学了。而宇航员身上还带着一股比邻星特产茶叶的味道，我们经过了漫长的时光，他看起来没有什么大变化，4 光年的路程，他其实只在

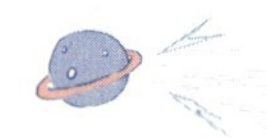

很短的时间里就走完了！

不止这 4 光年，在接近光速飞行的宇航员眼里，100 光年、1 亿光年的距离，也还是一瞬间的事。眼睛一闭一睁，来个宇宙大环游都没问题。什么蟹状星云、M78 星云、狮子座、金牛座，所有遥远神秘的星体，宇航员都能在一瞬间看个遍。

唯一的问题是，在飞船之外的世界里，留在地球上的人看来，可能已经过去了几万年，甚至几十亿年。到那时，说不定太阳都已经熄灭了，银河系也解体了。

时间，在宇航员眼里，和在我们眼里，完全是两码事。这就是相对论取名叫“相对”的一个原因。在相对论的世界里，每个人都有一个属于自己的时钟和一把与众不同的尺子，时钟和尺子随着每个人运动速度的变化而变化。也就是说，每个人的时钟和尺子都对不上。你说的 1 万年，在我看来也许只是 1 秒钟；你说的咫尺，在我看来却可能有天涯那么远。这就是“相对”的意思。

也许你要问：那为什么我们现在看到的世界并不是相对的，每个人的时钟和尺子也都对得上呢？

这是因为我们的速度太慢了。只有在速度接近光速的时候，相对论的“威力”才能显现出来。而在低速的情况下，相对论的效应虽然仍然存在，但是太微小了，我们感受不到。

你是不是觉得这听起来很费解？其实，这句话给我们每一次旅行都提供了一层特殊的意义：**速度越快，时间的流逝就越慢**。这个规则一直都存在。即使我们乘坐的不是接近光速的宇宙飞船，而是每小时行进 250~350 千米的高铁列车，我们所经历的时间也会发生轻微的改变。从这个意义上来说，我们的每一次旅行其实都是一次“时空旅

爸爸很快回来。

8年后
爸爸，你终于回来了。
一瞬间儿子已经这么大了？

行”——这么一想，是不是旅行变得更有意义了呢？

根据相对论，宇航员坐着接近光速的飞船，就能畅游整个宇宙了。可是，飞船的速度要想达到光速，着实很难，说不定人类永远也达不到这样的速度。那么，相对论还能不能为我们提供其他的方法，让我们在星际空间穿梭呢？

1. 光速大约是 3 亿米 / 秒，它是宇宙中物质和信息传输的速度极限。

2. 狭义相对论所描述的时空图像：在不同的运动速度下，会出现不同的时间流逝的速度和空间中的长度不同的现象。

扫一扫，听听傅博士怎么说

在这一节中，我们提到了“光年”这一概念。假设有一颗恒星距离我们100光年，现在，这颗恒星突然发生了一些剧烈的变化，例如它的燃料耗尽，突然熄灭了，那么我们也只能在100年之后才能观察到这一事件。已知太阳和地球的距离大约为1.5亿千米，那么假如太阳上发生了一次激烈的耀斑（太阳的盘面或边缘突发的闪光现象），地球上的人们大约会在多长时间之后观察到这次耀斑呢？

# 2

# 《星际穿越》和虫洞

在电影中，通过“虫洞”可以进入另一个星际空间，如此简单的时空旅行的方法，在现实中真的存在吗？

如果把飞船开到接近光速进行时空旅行，根据相对论，速度越快，时间越慢，这就大大缩短了旅途的时间。这个方法非常科学，但在科幻作品当中却并不常见。原因很简单，它太笨拙了，不够酷炫。科幻作品里，常常会用其他更有“科技感”的方法——比如虫洞，来实现远距离旅行：飞船根本不用加速，一头扎进虫洞，出来就是几十光年之外的地方了。这不是更巧妙、更方便吗？

虫洞看起来很酷炫，但它还是属于相对论的范围。它还与另一个你非常关心的东西有关——那就是黑洞。现在，我们通过相对论来了解虫洞和黑洞。

## 《星际穿越》

说到虫洞和黑洞，要从一部电影讲起——《星际穿越》。这部电影讲述了大概 50 年后的未来世界，地球生态遭到了严重破坏，已经不适合人类生存了，人类只能搬迁到其他行星生活。可宇宙太大了，适合居住的行星太远，人类的飞船飞不过去。好在这时科学家们发现了救星——就在土星轨道附近，出现了引力异常的情况，这里出现了一个“虫洞”。

在电影中，当飞船渐渐靠近虫洞的时候，画面里会看到一个完美的黑色大球，就像是一枚黑色水晶球一样。球面上倒映着宇宙里的星系、星云，一点瑕疵也没有。这就是电影里描绘的“虫洞”。不过，根据目前科学研究的实际情况来看，“虫洞”只是科学家根据物理定律推算出来的一种理论中的物体。人类还没有在宇宙中看到过真实的虫洞，所以虫洞到底长什么样，谁也没见过。

在电影的最后，飞船终于穿越了虫洞，来到了一片陌生的星际空间。宇航员在这里找到了适合人类居住的星球，灾难终于解除了。

在这个故事里，虫洞的出现是关键，如果没有它，人类最后恐怕就要灭亡了。那么问题来了，虫洞到底是怎么一回事呢?

在《星际穿越》这部电影中，科学家用一张纸解释了虫洞。用一张长长的纸条表示我们通常说的空间。如果你想要从纸条上的一个点，走到另一个点，那么，只要用一条直线把两个点连起来，两点之间的这条直线，就是最近的路。

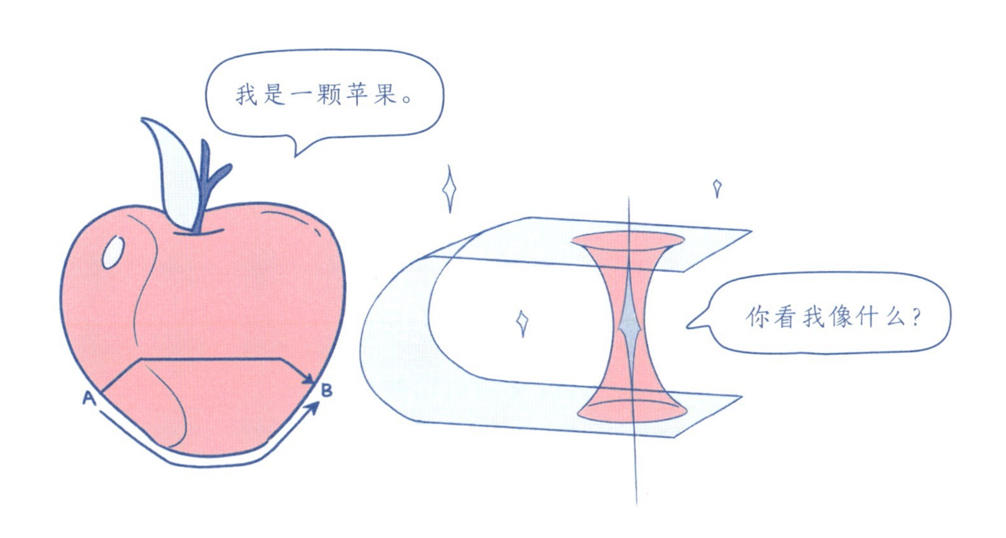

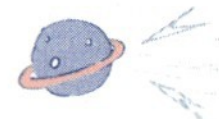

当然，这最近的路实际上要走很长时间。那有什么办法可以缩短时间呢？这个方法看起来就有点像是在“作弊”了——把纸条折叠起来，让两个点重合在一起，这么一来，原本距离遥远的两个点就几乎完全挨在一起了。这个时候，如果用笔尖戳破叠起来的两层纸，那么这两个点之间就有了一个通道。这种折叠空间并且把它打通的方式，就可以理解为空间中出现了一个洞，即“虫洞”。

虫洞穿越空间的方法的确很奇妙，可它有可能是真的吗？真有可能。早在 100 多年前的 1916 年，爱因斯坦就从理论上证明了虫洞存在的可能性。而在 1988 年，有一位名叫基普 · S. 索恩的科学家发现，虫洞真有可能是时空隧道的入口，它可以让人们在很短的时间里到达遥远的宇宙深处。这位索恩正是电影《星际穿越》科学方面的顾问，2017 年，索恩因为引力波的研究获得了诺贝尔物理学奖。

那么，爱因斯坦又是如何证明宇宙里可能存在虫洞的呢？

## 沙发与太阳系

证明宇宙中可能存在虫洞这个问题就涉及广义相对论了。前文说的时间变慢、距离缩短现象，这种相对论效应属于“狭义相对论”，也就是应用范围比较狭窄的相对论。而广义相对论，当然就是应用范围更广的相对论，可以说是狭义相对论的加强版。

广义相对论是一套复杂的物理理论，就算你学完了中学物理，甚至读完了大学，你都未必能学会它。本书不讲那些特别复杂的内容，只介绍一下广义相对论的原理，总结一下其实只有两句话，相信你一定能够牢牢记住。

**第一句：物质让时空发生弯曲。**

**第二句：时空告诉物质如何运动。**

是否感觉有点玄妙？用日常生活中常见的现象解释一下：空间其实有点像弹力很大的沙发表面，如果沙发上没有人，沙发表面会保持平整。假如有人坐到沙发上，沙发表面立刻会凹陷一个大坑。这就是广义相对论的第一句话：物质让时空发生弯曲。

这时候，如果在坐下去的屁股旁边放一枚小玻璃球，那它就会沿着弯曲的沙发表面滚向屁股。这就是广义相对论的第二句话：时空告诉物质如何运动。

在宇宙里，这种情况是一样的。假如一片宇宙空间空空荡荡，什么天体都没有，那么这片空间就像是没有人坐的沙发一样，非常平整。这种情况下，是不可能存在虫洞的。

假如空间里多了一颗星球，比如说太阳。那么就像是有人坐在了沙发上，太阳让周围的空间也发生凹陷，出现一个“坑”。而八大行星，包括我们生活的地球，就像沙发上的小玻璃球一样，在太阳周围的“坑”里旋转。

在茫茫宇宙中，太阳这

小球真好玩。

姐姐你坐出了一个坑！
咦？

哈哈，我的球自己滚进坑里了！
啊！

样的天体质量并不算大，它制造的空间弯曲也很小，所以地球才能在现在的轨道上一直旋转而不是直接飞向太阳。但是有些天体质量很大，它们就厉害多了，这就是黑洞。

你是否听说过，黑洞是一种可以吞噬一切的天体，它展现出超强的吸引力，任何物体都无法逃离，甚至连光都无法逃出黑洞。正因为“黑洞”把光都吸走了，所以它才如此地“黑”。

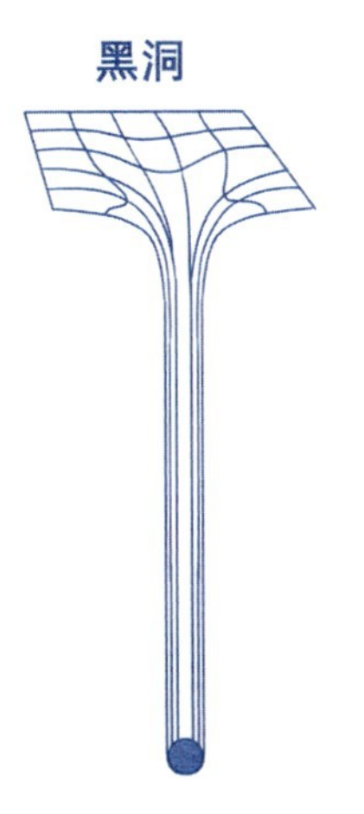


而在广义相对论看来，黑洞这么黑，不是指黑洞的吸引力强，而是指黑洞让空间弯曲得厉害，造出了一个特别深的空间坑，才会让物质和光线无法逃脱的。在宇宙学家眼里，与其把黑洞看成某种特

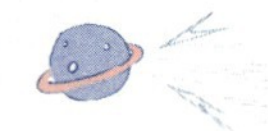

殊的物质，不如把它们看成空间的一种极度弯曲的形式。从这个意义上来说，黑洞真的可以被看作空间里的一个“洞”。

那什么是虫洞呢？虫洞其实跟黑洞一样，它也不能算是物质，而是一种空间弯曲的方式，也是空间里的一个“洞”。

前文提到过，把一张纸叠起来，让上面两个点重合，然后用笔尖戳破纸形成通道的做法，实际上说的就是这种空间弯曲的方式。虫洞就这样出现了。

所以，广义相对论告诉我们，空间是可以弯曲的，而弯曲得厉害的时候，就有可能出现虫洞，把本来相距很远的地方拉得很近。这就像是魔术师的帽子，把鸽子丢进去，会从袖口出来；把硬币丢进去，又会从裤腿出来。

在关于虫洞的研究中，有些物理学家认为，或许我们无法通过虫洞进行时空旅行。这是因为，一方面，虫洞通常是非常不稳定的，它只能存在很短的时间，甚至可能会在形成的一瞬间又马上崩塌，根本来不及让人类通过；另一方面，虫洞的引力实在太大了，大到会撕裂甚至毁灭所有进入虫洞的物体。不过，也有许多科学家持相反的观点，例如，诺贝尔物理学奖得主索恩则认为，仍然会有某些方法能够帮助我们安全地通过虫洞。如果你想了解这些争论，可在《写给孩子的相对论：弯曲的时空》中看到更详细的解释。

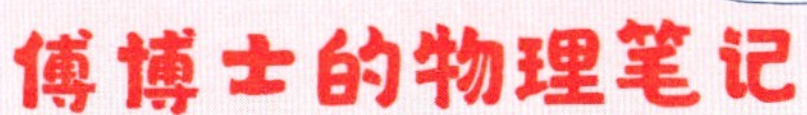


1. 利用虫洞，有可能通过较短的时间到达非常遥远的宇宙位置。

2. 黑洞展现出超强的引力，它能在空间中制造出极端的弯曲，连光都无法逃出黑洞。虫洞和黑洞都与广义相对论有密切的联系。

3. 广义相对论的基本原理：物质让时空发生弯曲；时空告诉物质如何运动。

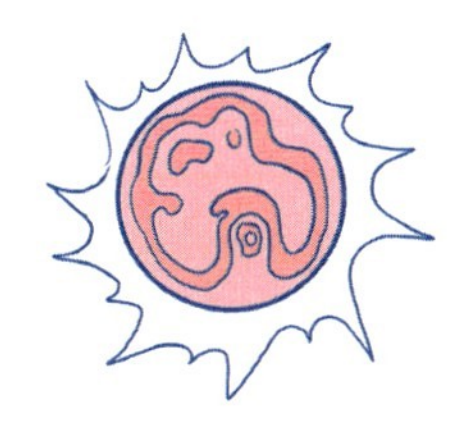

扫一扫，听听傅博士怎么说

如果可以利用虫洞进行时空旅行，你想去什么时间、什么地方？是银河系以外的其他类地行星，还是想回到侏罗纪时代看恐龙，或者想到未来看看有哪些先进的科技？如果宇宙中的各种智慧生物真的可以轻松地利用虫洞进行时空穿越，那么宇宙中会出现哪些有意思的现象？许多科学家和艺术家都思考过这些问题，例如，1978 年，经济学家保罗·克鲁格曼就曾经发表过一篇论文，文中探讨了人类和外星人做生意的“星际贸易理论”。2009 年，克鲁格曼获得了诺贝尔经济学奖。请你不妨也打开脑洞想象一下，时空穿越会对我们的社会、文明乃至整个宇宙产生怎样的影响？

3

# 神秘的光速：光是一种波

相对论里有一个确定无疑的原理：宇宙里的最快速度是光速。光就像是我们学习相对论的引路人。跟着光走，我们就能发现相对论的秘密。那么，光是什么呢？

# 光和电有关系吗？

光到底是什么？关于这个问题，人类从文明发端开始，思考了几千年。最早的时候，古希腊哲学家认为整个世界是由地、火、水、风四大元素组成的，光，就是火发出来的东西。后来，又有很多科学家研究光线的性质，他们发现，光沿直线运动，碰到镜子会反射，照进水里会弯曲，也就是折射，还有科学家测量出了光的速度。这些成就都很了不起，但没有解决前面那个问题：光到底是什么。

后来，伟大的物理学家牛顿出现了。他总结了物体运动的规律，创立了牛顿力学。牛顿力学是经典力学的组成部分，宇宙里一切物体的运动，例如，地上跑的火车、天上旋转的星星，都可以用牛顿力学来解释。牛顿试着把“光”也纳入他的力学体系中，在他看来，光其实只是一种特殊的小微粒。可是，有很多物理学家不同意牛顿的观点，他们和牛顿争论了很久很久，却一直没有得出一个确切的回答。

其实，我们目前看来，光的奥秘是不可能只从力学里面找到答案的。事情的转机，出现在另一个领域——电磁学。所以，我们先暂且把光放下，先了解一下电磁学吧。

先从电说起。人类很早就已经接触过各种各样的电现象了，比如摩擦起电、闪电等，古人对电似乎已经不陌生了。但是，电究竟是什么，古人却不知道。在牛顿以后的很长一段时间里，电和光一样，也是科学家眼里的神秘事物。他们不仅用科学解释不了电，甚至会觉得电里面蕴藏着超自然的力量。

当时的生物学家发现，给死去的青蛙通电，青蛙腿会抽搐，似乎“电”具有“起死回生”的效果。但如果人被雷劈了，又会死亡。所以，电又能“变生为死”。又是生又是死，电怎么那么厉害？

电很神秘，磁也很神秘。最初，人们没觉得磁和电有什么关系，只知道磁铁有磁性，指南针能辨明方向。但后来，科学家发现不对劲了，电分为正电、负电，而磁铁也分为南极、北极。正电和负电，磁铁的南极和北极又都有异性相吸、同性相斥的现象。电和磁这么像，是不是说明，电和磁有什么秘密的关联呢？

1820 年的一天，转机来了。丹麦物理学家奥斯特在讲物理课的时候，把一根通电的导线靠近指南针，学生们发现，随着奥斯特不断增大导线中的电流，指南针的磁针竟然偏离了正常指向，转向了导线那一侧。这个现象说明，电流，也就是“电的流动”，会产生“磁”。

受到奥斯特实验的启发，英国物理学家法拉第也开始研究电磁现象。法拉第推测，既然电流可以产生磁场，那么反过来，磁场也有可能产生电流。结果还真被他猜对了。这就是发电机的原理，让一团导线绕着磁铁转起来，就发出了电。以发电机的发明为开端，人类进入了电气时代。

# 伟大的方程——麦克斯韦方程组

在奥斯特和法拉第之后，还出现了一位叫麦克斯韦的物理学巨星。他综合了所有电磁学中的发现，写出了一组公式，把电现象和磁现象统一在一起，这组公式被称为“麦克斯韦方程组”。

你还看不懂这个方程组，不过没关系，你只要知道，在物理学家眼里，这是世界上“最美的公式”。这短短的 4 个方程，就把世界上的一切电、磁现象都解释清楚了。很多物理学家都认为，这组方程是 19 世纪物理学领域最伟大的成就。

$$\nabla \cdot E = \frac{\rho}{\varepsilon_0}$$

$$\nabla \cdot B = 0$$

$$\nabla \times E = -\frac{\partial B}{\partial t}$$

$$\nabla \times B = \mu \cdot j + \frac{1}{C^2}\frac{\partial E}{\partial t}$$

麦克斯韦就是根据这些方程，做出了许多重要的预测。其中一个预测是“电磁波”。麦克斯韦认为，变化的电会产生磁，变化的磁又会产生电，那么电生磁、磁生电，无穷重复下去，就成了一束在空间里向前传播的波，也就是电磁波。

电磁波和声波、水波一样，都是向前运动的，所以会有运动的速度。注意，神奇的地方来了，麦克斯韦发现，电磁波的速度是个常数。常数就是固定不变的数字，比如我们在数学课里学到的圆周率 π，就是一个常数。那电磁波的速度常数是多少呢？麦克斯韦计算后发现等于光速。

这就有意思了，电磁波的速度等于光速，那光是否就是一种电磁波呢？麦克斯韦提出了这样一个猜测。

后来，科学家们通过实验产生了电磁波，验证了麦克斯韦的猜测：光就是一种电磁波。电磁波的种类非常多，用处也非常多。我们现在使用的手机信号、雷达、卫星通信、广播等通信技术，用的都是电磁波。还有你听说过的紫外线、红外线、X 射线、微波炉里的微波，也都是不同种类的电磁波。

而我们人眼能看到的部分电磁波叫“可见光”，简称就是“光”。

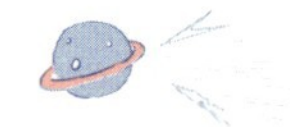

# 光速到底会不会变？

我们已经解决了光的本质问题，但还有一个问题：光的速度是个常数，那么，这个速度是相对于谁来说的呢？

我们平时在讨论速度的时候，常常会因为偷懒，省略这是相对于谁的速度，就只说一个数字。高铁的速度是 300 千米 / 小时，步行的速度是 100 米 / 分钟。看起来，速度就只跟运动物体本身有关系。

但是在物理学家眼里，关于速度的这种说法有一个严重的漏洞。因为速度是相对的，必须寻找一个参照物才行。

比如，你朝前面扔出一块石头，假设扔出去的石头，速度能达到 10 米 / 秒。假如你站在一艘船上扔石头。石头没变，你的力气也没变，所以相对你来说，扔出去的石头，速度还是 10 米 / 秒。不过，船本身也在前进啊，前进的速度是 3 米 / 秒。这样一来，在岸上的人看来，你扔出去的石头的速度就得加上船的速度，结果就变成了 13 米 / 秒。

同样是扔石头，扔出来两个速度，哪个正确呢？答案是“哪个都对”，之所以会出现不同的答案，那是因为选取的参照物不同。其实我们平时说的速度，比如说高铁、飞机的速度，也都有个默认的参照物，那就是地球本身，只不过为了省事不说出来。

现在回到光速的问题。根据前文我们很容易想到：如果我们在刚才那艘船上打开手电筒，这时候，在岸上的人看来，光速应该就是原来的 30 万千米 / 秒，再加上船前进的速度 3 米 / 秒。

可是，这种猜测很快就被物理学家们否定了，因为它会导致许多奇怪的矛盾。

由于光在本质上是一种电磁波，如果在运动的船上发射的光波信号比地面发射的信号更快，那就说明在运动的船上的电磁现象跟地面上不一样。这可能导致很严重的后果，比如在船上使用指南针，就可能和在地面上不一样了。这难道不是很奇怪吗？当然，你也可以再次修正，让船上跟地面上使用指南针的效果是一样的，可是修补完磁现象的漏洞，我们又要来修补电现象的漏洞……这样一来，就没完没了了！

爱因斯坦想到，为什么不采用另一种方案，假设在船上发射的电磁波信号仍然是以光速传播，事情反而变得特别简单了。因为这样就不用对麦克斯韦方程组作任何修正了。或许这才是理解电磁学问题的正确方式。于是，爱因斯坦引入了一个重要的假定，那就是“**光速不变原理**”。也就是说：无论一艘船跑得有多快，打开手电筒之后，光速仍然是 30 万千米 / 秒，并不会加上船的速度。

后来，科学家们还在天文现象中观测到了这种光速不变的现象。

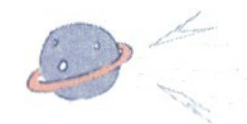

在宇宙中，存在着很多“双星系统”，它们是由两颗绕着对方运转的发光恒星组成的。从地球上观测这样的双星系统，其中总有一颗在离我们远去，而另一颗在朝着我们的方向靠近。如果光速相对于光源保持不变，那么对于一个双星系统而言，当其中的恒星朝我们运动时，光的传播速度应该会变快，而远离我们时，光速应该会变慢。在地面上，我们就有可能观察到这两颗恒星的星光出现延迟，甚至是交替出现延迟的现象。

然而，天文学家观测了大量的双星系统，从来没有发现过这种延迟。两颗恒星的光速始终都是相等的。这一观测结果验证了光速不变原理的正确性。

## 傅博士的物理笔记

1. 爱因斯坦的一个天才的想法——光速不变原理，是爱因斯坦为了解决电磁波的传播速度问题而提出的。

2. 光速不变原理非常简单而且直接，有了它，科学家们不用对电磁学的体系进行任何修改，就能直接应用到以各种速度运动的物体上。

爱因斯坦在博士毕业之后，曾经有一段时间在瑞士伯尔尼的专利局工作。当时是 20 世纪初，电磁波已经被广泛应用。爱因斯坦在工作中接触了许多涉及电磁波的专利，有的专利涉及与时间有关的各种技术问题，例如，不同地区之间“对表”的问题。

假如两个城市用电报，也就是电磁波的信号来对时间，在晚上 7 点的时候，A 城市向 B 城市发射一个电磁波信号，B 城市在收到这个信号之后，应该把时间调到哪个时刻呢？如果同样调到晚上 7 点的话，显然会有问题，虽然电磁波的传播速度是非常快的光速，但信号的传输还是需要花时间的，假设信号在两个城市之间的传递经过了 0.001 秒，那么，B 城市应该在接收到信号之后，把时间调到晚上 7 点过 0.001 秒。

请你思考，假设晚上 7 点整，一列以 350 千米 / 小时的速度飞驰的高铁向前方即将停靠的火车站发射一个电磁波信号，火车站在 0.001 秒之后接收到了电磁波信号，那么此时火车站的时间是几点呢？

4

# 神秘的光速：以太不存在

光速不变并不是光相对于光源的速度不变。那么光速到底是相对什么保持速度不变的呢？下面我们将继续深入探讨光速不变原理背后的物理内涵。

# 万物传播都需要介质？

理解光的传播有点困难，我们先从水波开始说起。石头掉进水里，就会引起一圈水波。水波很有意思，它的扩散速度与石头本身的速度是无关的。无论你是松开手，让石头垂直掉进水里，还是用很大的力气把石头扔向水面，水波都会按照自己的节奏缓缓散开。也就是说，波的传播速度与造成这个波的“波源”是没有关系的。

波的速度与波源无关，那么与什么有关呢？科学家发现，波的速度与传播介质有关。“传播介质”这个词或许听起来有些陌生，但其实它很容易理解。石头扔进水里，形成了水波，水波不断向外扩散、再扩散……就扩散到了岸边。但是水波没有办法传递到岸上，岸边的沙子和石头，不会因为水波的影响而上下波动。所以，水波就只能被反弹回去。这说明，水波的传播是离不开水的，那么，水就是水波的传播介质。

当时的物理学家发现，世界上的任何一种波都有属于自己的传播介质。水波必须在水里传播。抖动绳子产生的波，肯定也离不开绳子。空气是声波的传播介质，在没有空气的太空，声波就无法传播，所以太空里发生的爆炸都是悄无声息的。

无论是水波、绳子波还是声波，它们的传播速度全部都是由传播介质决定的，只要传播介质没有变化，波的速度也不会改变。所以，一些物理学家认为，光速不变是指光相对于它的传播介质，速度不变。

那么光的传播介质是什么呢？

当时的人们已经发现，电磁波可以通过很多介质来传播。光能透过河水，照亮清澈的河底；能透过空气，变成迷人的彩虹；还能透过真空，从遥远的太阳来到地球。

每一种波都有传播介质，可真空里什么都没有，光怎么可能传播呢？难道……真空实际上不是完全空的，里面有我们看不见、摸不着的神秘物质？正是这种神秘物质，充当了光的传播介质？

## 既柔软又坚硬的以太风

当时的物理学家就是这么想的。他们假设，在宇宙里弥漫着一种叫“以太”的物质。因为再遥远的星光，也能抵达地球，所以整个宇宙都充满了以太，处处都有。

你会不会觉得那时候的物理学家的脑洞很大，连“真空”里存在“以太”这种自相矛盾的想法都能想出来。其实，大胆假设是一种非常优秀的品质。就在今天，大多数物理学家还相信，宇宙里存在看不见、摸不着的“暗物质”和“暗能量”；而且，地球、太阳这些看得

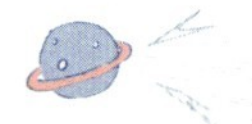

见的物质反而只占据宇宙物质总量的一小部分。暗物质和暗能量能解释很多宇宙里奇怪的事，所以它们很可能是真实存在的。

从某种意义上来说，“以太”就是100多年前的“暗物质”。不过，以太的命运比暗物质悲惨得多。以太学说里，隐藏着两个巨大的问题。

第一个问题，如果真的有以太，那么它必须又硬又软。因为以太充斥在空间，甚至是真空当中，这说明以太非常的柔软，几乎不会对空间中的物体产生任何影响。试想，你每一次呼吸，鼻子或者嘴巴都能感受到空气的流动。如果以太存在，那么你同时也吸入了不少以太，却连空气流动那样的细微感觉都没有，那以太岂不是比空气还柔软得多。

可是，从光速的角度来看，以太又必须非常坚硬。

这是因为对于波的传播来说，有一个规律：传播介质越坚硬，波的速度就越快。以声波为例，在空气中，声波的速度大约为340米/秒，在水中，声波的速度大约为1500米/秒，在铁棒中，声波的速度大约为5200米/秒，空气、水、铁棒，分别是气体、液体和固体，随着介质变得越来越坚硬，波的传播速度也越来越快。

而光的速度在宇宙里是最快的，所以，以太这种传播介质也应该是宇宙里最坚硬的。

一种物质，既足够柔软，可以让万物自由运动，同时又足够坚硬，以保证光的传播速度是最快的，这个矛盾真是令人无法想象。

说完以太学说的第一个问题——软硬矛盾，再来看第二个问题——“以太风”。

地球绕着太阳公转，速度大约是30千米/秒。想一想你爸爸开车载你在高速公路上行驶时，如果打开车窗，就会有一阵风吹进来。这是因为汽车的运动，扰动了空气。

同样的道理，如果以太存在，那么地球的运动，也会扰动以太，产生一股“以太风”，以 30 千米 / 秒的速度向地球迎面吹来。所以，许多物理学家都想要用实验去验证“以太风”的存在。

如何验证呢？还是要靠光。

前文提到，波的速度是相对于介质不变的。那么，如果介质本身在运动呢？

这就像鱼在水里游，顺水游得快，逆水游得慢。对光来说也是一样。地球一边转动，一边迎来了以太风。因为光相对于以太的速度是不变的，所以在我们看来，如果光顺着以太风的方向，速度应该会变快，如果逆着以太风的方向，速度会变慢。

按照这种想法，如果科学家顺着以太风发射电磁波和逆着以太风发射电磁波，应该会测量到不同的光速，这就可以间接地证明以太存在。

但是很可惜，实验结果恰好相反：无论是朝着哪个方向，光速都是不变的！也就是说，并不存在以太风。实际上，宇宙中根本没有以太，光不需要介质就能在真空中传播。

到这里我们发现，问题没有解决，反而变得更严重了：光速既不是相对于光源的速度不变，也不是相对于传播介质的速度不变。那么，光速到底相对于什么不变呢？

物理学家们一筹莫展，不知道怎么办才好。这时候，爱因斯坦出场了。

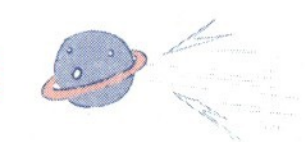

阿尔伯特·爱因斯坦出生于德国一个犹太家庭，据说，他从小就在思考这样一个“追光”的问题：一个人与光赛跑，如果他的速度能够达到光速，那么会看到怎样的景象？是看到一束静止的光吗？

直到爱因斯坦博士毕业，开始在专利局工作的时候，他才终于想清楚了这个问题：并不会出现“静止的光”，光速不变，不是指光速相对于光源的速度不变，也不是光速相对于介质的速度不变。光速不变，指的是光速相对于任何参照物都不变！

这种解释直观上理解起来非常反常，怎么反常呢？我们用爱因斯坦想象中的赛跑问题为例来解释。假如你和某位同学赛跑，他的速度是 5 米 / 秒，你的速度是 4 米 / 秒，那么他相对于你的速度就是 5-4=1 米 / 秒。

但和光赛跑就不一样了。光速是 30 万千米 / 秒，你的速度还是

4 米 / 秒，此时光速相对你来说并不是 30 万千米 / 秒减去 4 米 / 秒，它仍然是 30 万千米 / 秒！甚至当你乘坐一艘速度可以达到 29 万千米 / 秒的飞船时，此时你身边的那束光的速度仍然是 30 万千米 / 秒。总之，光就是光，无论你站在哪里、跑得多快，光的速度对你来说永远都不变。

这是不是有点太不讲道理了？可是，爱因斯坦的这个看法的确是正确的。在物理学里，我们把这个看法叫作“光速不变原理”，是相对论的两条基本原理之一。

那么，爱因斯坦是怎么提出这条原理的？光速不变，与相对论又有着什么关系呢？

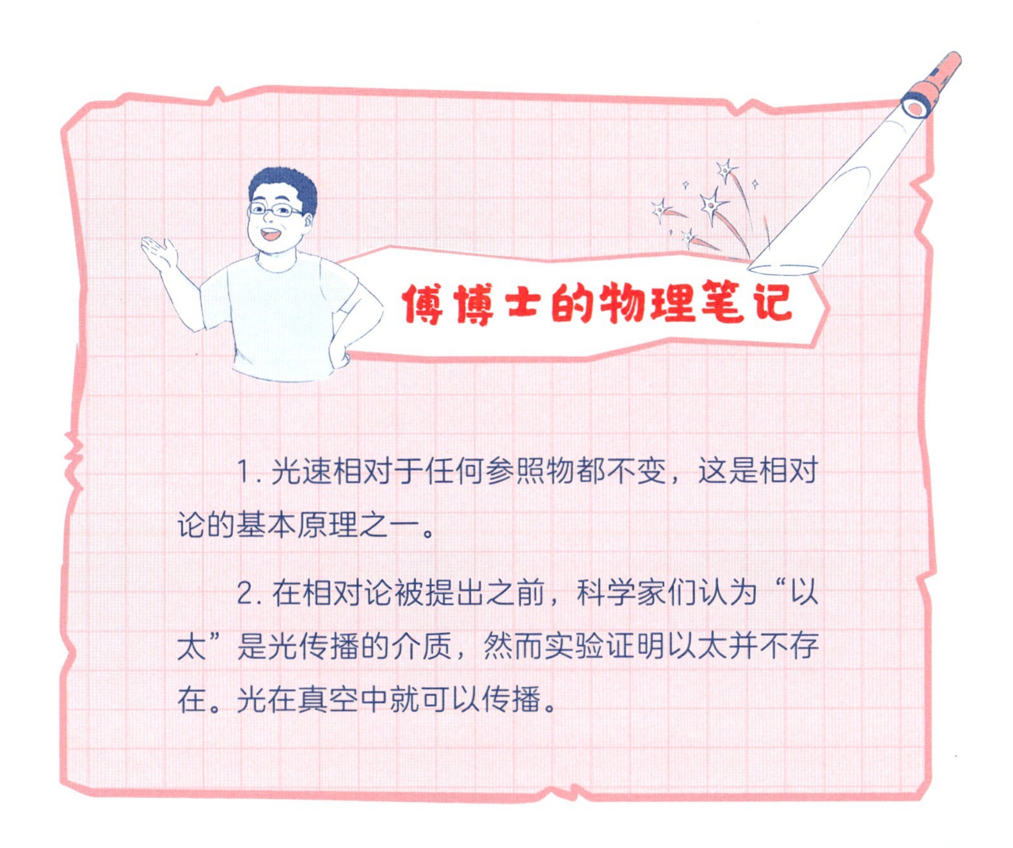


1. 光速相对于任何参照物都不变，这是相对论的基本原理之一。

2. 在相对论被提出之前，科学家们认为“以太”是光传播的介质，然而实验证明以太并不存在。光在真空中就可以传播。

扫一扫，听听傅博士怎么说

在介绍“以太”的概念时提到了科学家们设想以太既足够柔软，可以让万物自由运动，同时又足够坚硬，以保证光的传播速度是最快的，这种设想是存在内部矛盾的。然而，世界上真的存在某种既柔软又坚硬的物质吗？请你搜索“非牛顿流体”试试。

# 5

# 相对性原理：运动和静止是一回事？

“光速不变原理”和“相对性原理”是相对论的两条基本原理。

“光速不变原理”和“相对性原理”就像爱因斯坦手中的两把大刀，相对论里各种神奇的现象，只不过是这两把大刀挥舞出来的招式。所以，要想掌握相对论的精髓，必须好好理解相对性原理。

相对性原理是什么呢？简单来说，就是一句话：**运动和静止是一回事。**这里的运动指的是匀速直线运动。匀速直线运动是物理学里的一种非常经典的理想状况，我们学物理的时候还会常常碰到：一个匀速直线运动的物体，它既是匀速的，也就是速度不变，又是沿着直线运动的，不拐弯，也不调头。比如我们在慢慢往前跑的时候，差不多就是在做匀速直线运动了。

这就奇怪了，匀速直线运动和静止是一回事，岂不就是说，我们跑得气喘吁吁和坐在沙发上一动不动，是一回事？这不是很矛盾吗？别着急，我们先从两个实验入手。

## 匀速直线运动

第一个，“游轮实验”，早在400年前，“现代科学之父”伽利略就想到了这个实验。伽利略跟爱因斯坦一样，喜欢幻想，脑子里总是跳出各种稀奇古怪的想法。有一天，伽利略突然想到一个鬼点子：如果把一个人关进密闭的船舱里，他是否能判断出船是运动状态还是静止状态？

想象一下，假如在船舱里的是你，你可以使用各种仪器和道具来做实验。比如，使用一枚弹力球作为检验道具。我们在地面上静止站立的时候，把一枚弹力球垂直扔到空中，过会儿它会原地下落，回到我们手里。但是在船舱里呢，你也可以扔个弹力球试试，看会不会原地下落。

为了防止你作弊，伽利略把条件说得特别清楚，那就是你所在的船舱密封性特别好，外界的一切信息都传不进来，海浪的声音、发动机的颤动声，这些你全都听不到，一点作弊的可能性都没有。

游轮实验听起来是挺好玩的，可是没有船怎么做呢？其实，我们不用真的去找一艘船，说不定你已经在汽车里做过类似的实验了。

比如，爸爸开车载着你在公路上飞驰，你坐在后座上，手里捏着一枚弹力球。如果你把小球竖直抛到空中，会发生什么呢？

有可能，小球正在天上“飞”呢，爸爸一脚油门踩下去，汽车突然加速时，小球直接飞到你怀里了。还有可能，爸爸一脚刹车踩下去，

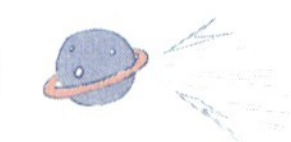

加速

匀速

减速

汽车突然减速时，空中的小球可没踩刹车，它会冲到前边，啪的一下打在爸爸的头上。还有一种可能，也是最经常发生的：车开得很平稳，没加速也没减速，沿着直线走、不拐弯。这种情况下，小球会原地下落，仍然回到你的手里。

你是否意识到，最后这种情况就是匀速直线运动。在匀速直线运动下，抛出的小球落回了手里。前文提到，在静止状态下，小球也是落回手里。匀速直线运动状态和静止状态下，实验结果是一样的！

伽利略根据这个结果猜测：在一个物体的内部，不管你做什么实验，在匀速直线运动状态和静止状态下，得出的结果都是一样的。换句话说，在物体内部，匀速直线运动和静止是无法区分的，相当于是一回事。

实际上，这个结论对于我们来说太习以为常了。不管是坐汽车、火车，还是飞机，如果屏蔽外界的干扰，没有谁能感觉到和在家里坐着有什么不同。就连苍蝇、蚊子，它们也和在你家里一样叮咬你，因为它们也分不清匀速直线运动和静止的差别。

## 力学中的相对性原理

匀速直线运动和静止为什么无法区分呢？为了解释这个现象，伽利略想到了第二个实验——“斜面实验”。在斜面实验中，伽利略在物体外部进行观察。

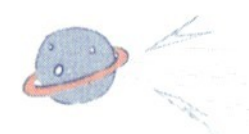

在伽利略之前的时代，物理学家们普遍相信，“力”是物体运动的原因。例如一块大石头，你用力推它，对它产生一个“力”的作用，大石头就运动，你不推它，它就不动。因此，要判断一个物体是否运动，只要看是否有力的作用就可以了。

可是，伽利略却想到，从斜面上滚下来的一个小球，当它滚落到光滑的地面上之后，地面上没有任何外力在推动这个小球，这个小球依然可以持续运动下去。例如滑冰，蹬一下冰面就能滑十几米，在滑动的时候，你的身体也没有受到外界的推力。如果冰面完全光滑，没有摩擦力的话，你蹬一脚就能永远在冰面上滑下去了。这种运动，也是前文说的匀速直线运动。

物体在做匀速直线运动的时候，它是不受外力作用的。而静止状态下，比如你站着或者坐着的时候，多种外力的作用相互抵消，此时的物理状态等效于不受外力作用。

于是，伽利略从斜面实验得出结论：**从物体外部观察，静止状态和匀速直线运动状态都对应着不受到外力，因此这两种状态本质上没有区别。**

我们总结一下伽利略的想法：对于静止和匀速直线运动两种状态，从外部来看，都不受外力；从内部来看，实验结果都一样。因为实验结果其实是物理规律决定的，所以实验结果不变，就表示物理规律没变。在静止状态和匀速直线运动状态下，物理规律不变，这就是伽利略的相对性原理。

看到这里，我们理解了“运动和静止是一回事”这句话是什么意思。那么，“相对性原理”的“相对”两字，又是什么意思呢？

前文提到过，一个物体的速度是多少，其实说的是这个物体相对于某个参照物的速度。选取的参照物不同，物体的速度就不同。

运动和静止也是一样。我们说一个物体是运动还是静止，其实说的也是相对于某个参照物是运动还是静止。参照物变了，运动和静止状态也会发生变化。

比如，我们经常认为站在地面的人是静止的，路上的车、水里的船在运动。表面上看没有指明参照物，但其实我们内心已经选择了地球作为参照物。车和船相对于地球在运动，你站在地面上，相对于地球是静止的。

可是，相对于地球静止就是真的静止吗？如果我们拿太阳来当参照物的话，就能发现地球在飞快地绕太阳转圈。这时候，地球上的你，还有地球上的车和船，都在跟着地球一起运动。所以将参照物从地球换成太阳，静止就变成了运动。

反过来，你坐在车里，如果以你为参照物，那么车就是静止的。你看，参照物从地球换成你，运动又会变成静止。

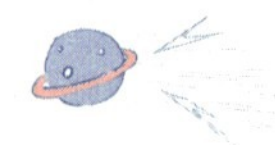

总的来说，对于静止和匀速直线运动，通过改变参照物，就能完成“你变我、我变你”的魔法。**这个世界上没有绝对的运动，也没有绝对的静止，运动和静止是相对于参照物而言的，这就是“相对性原理”名字的由来。**

## 电磁学中的相对性原理

读到这里，你是否有疑问：既然伽利略把相对性原理讲得这么清楚了，那还需要再提爱因斯坦吗？其实，在伽利略的时代，物理规律只限于力学，电磁学和光学还没有出现。因此，伽利略的相对性原理其实是不完整的。伽利略遗漏了一个问题：电磁学和光学规律，在匀速直线运动状态和静止状态下，是否也不会发生变化？

看到这个问题，你是否想说：那一定也不会变啦。我们使用的手机、电脑都跟电磁学有关，既然在汽车或火车上手机还能用，说明电磁学规律也没有发生变化。

你可别这么早下结论，这个问题里其实藏着“陷阱”。

上一篇末尾提到，爱因斯坦提出了“匪夷所思”的光速不变原理：相对于任何参照物来说，光速都是不变的。就算我们以 99% 的光速飞行，在我们看来，身边光束的速度仍然是 100% 的光速。

光速不变原理与相对性原理在逻辑上也是完全自洽的，这里所说的“自洽”，是指物理理论相互协调、毫无矛盾。试想一下：首先，你承认麦克斯韦方程组是电磁学规律吧？其次，既然光速不变原理是麦克斯韦方程组直接推导出来的结果，那光速不变原理也是个电磁学规律，对不对？最后，既然光速不变原理是个电磁学规律，那么按照相对性原理，这个规律无论对于静止还是匀速直线运动的所有观察者来说，都是不会变的，光速都是 30 万千米 / 秒，对吧？

你看，一个简简单单、看似无害的相对性原理，竟然还能推导出这样神奇的结论。“光速不变原理”实际上是爱因斯坦关于电磁学的“相对性原理”所要求的一个必然结果。正是因为相对性原理，无论我们选取哪个参考系，各个参考系中的电磁学规律都一样，也就是说，在不同的参考系中，求解相应的麦克斯韦方程组，得到的光速也都一样。在爱因斯坦那个时代，虽然有很多科学家都认为相对性原理是正确的，但他们面对光速不变的结果，却不敢相信，反而有很多科学家推测麦克斯韦方程组是不完整的，甚至提出了其他猜想来弥补矛盾。

而爱因斯坦以非凡的勇气和伟大的远见，坚持相对性原理、光速不变原理、麦克斯韦方程组都是正确的，这才最终提出了相对论，改变了整个世界看待时间、空间的方式。这就是爱因斯坦的魅力、物理学的魅力，也是我们这个宇宙的魅力。

我们已经掌握了狭义相对论的精髓：相对性原理和光速不变原理。接下来，我们就要使用这两个原理，来发现宇宙里更多比科幻电影还要开脑洞的神奇现象了。

## 傅博士的物理笔记

1.“相对性原理”和“光速不变原理”是狭义相对论的两个重要的基石。爱因斯坦相对性原理是对伽利略相对性原理的重要补充。

2. 在爱因斯坦的时代，电磁学的体系已经建立起来，人类开始进入电气时代。爱因斯坦提出，不仅仅是力学规律，所有的物理学定律，包括各种电磁学定律，同样可以保持“相对性原理”，在静止或者匀速运动的参考系中保持不变。

请你想一想，如果“爱因斯坦的相对性原理”不成立，电磁现象会随着参考系的运动速度而变化，那么会出现哪些违背常识的现象？

比如，在一条公路旁边，有一条与它平行的直流输电线，电线里面有电子的流动，我们坐着一辆跑车去追电子。这样，以跑车为参考系的话，电子的运动速度减慢了，因此单位时间内，通过导线截面的电子数目会变少，也就是说，电流的大小变小了。那么，在跑车上的人看来，住在整条街上的住户家里的电灯，可能会因为电流变小而变暗。显然，这种现象不可能发生，这也再次证明爱因斯坦相对性原理的正确性。

6

# 物理世界奇遇记

“

爱因斯坦根据相对论的两大基本原理，推导出了狭义相对论里许多违反直觉的现象。想不想体验这种违反直觉的现象？

”

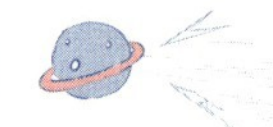

# 物理世界奇遇记

相对论的世界究竟是怎样的呢？很可惜，我们这个宇宙的光速太快了，而相对论效应只有在接近光速的时候才比较明显，所以在我们的日常生活里，没人能亲眼见证相对论的神奇。

幸运的是，在故事里，光速是可以调整的。下面我们一起进入一个故事，看看假如把光速降到很低很低时，我们的日常生活会发生什么变化。这个故事来自物理学家乔治·伽莫夫的科普书《物理世界奇遇记》，这个故事的主角叫汤普金斯。

有一天，汤普金斯去听一场关于相对论的讲座，教授在讲台上告诉他：相对论的核心要点就是，存在着一个最大的速度值——光速，这个速度是任何运动物体都无法超越的。后来，汤普金斯听着听着竟然睡着了，在梦里，他进入了一个神奇的相对论世界。

这个世界的光速非常慢。有多慢呢？大约是 20 千米 / 小时，和我们跑步的速度差不多。根据相对论，在这个世界里，任何运动物体的速度都无法超越光速，不论是短跑世界冠军，还是乘坐汽车、飞机甚至宇宙飞船时，运动速度都无法超越 20 千米 / 小时。

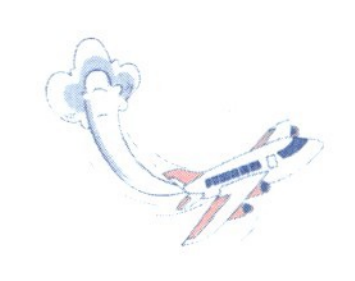

# 尺缩效应

这时正好是下午 5 点钟，汤普金斯走在路边，在他眼前缓缓驶过一辆自行车，当然，自行车的速度也没有超过 20 千米 / 小时。不过眼前的场景让汤普金斯惊呆了！他发现那个正在骑车的年轻人，竟然被压扁了，自行车的轮子，也变成了瘦高的椭圆形。

而且，不管那位年轻人多么使劲地蹬着踏板，车的速度也没有增大多少，反而是他的身体看起来变得更扁更窄了。汤普金斯还记得刚刚听过的报告，他马上反应过来，这就是刚才教授讲过的“存在着一个最大的速度值”吗？

在这个奇怪的世界里，天然的速度极限比较低，只有 20 千米 / 小时。因此，即使是骑车这样的运动，也已经算得上是“高速运动”了。刚才的教授还讲过，高速运动的物体会出现长度收缩的现象，所以骑车的人看起来似乎沿着前进方向被压扁了，显得很瘦。

汤普金斯低头看了看自己的大肚子，眼珠一转，汤普金

斯计上心来：如果自己也骑上自行车，岂不是可以像刚才的年轻人那样显得瘦一点？

于是汤普金斯也骑上自行车，想象着这样自己就可以减肥成功了。可是当他骑上车之后，发现自己和车子的形状没有任何变化，反而是他眼前的景象完全改变了。虽然他自己没有变瘦，但是在他的眼中，所有的路人都变成了瘦子。城市里的街道缩短了，原本宽阔的商店橱窗现在变得非常狭窄。

汤普金斯这时意识到，这就是所谓的“相对性”！虽然汤普金斯自己在骑车，但是在他眼中，运动的是街道、街道上的商店橱窗以及人行道上的人们。只要是“相对于”自己发生高速运动的物体，在我们自己看来，都会出现沿着运动方向发生长度收缩的现象。这种现象是相对论世界中最鲜明的一种神奇效应，被称为“尺缩效应”，因为这就好像是尺子的长度缩短了一样。

那么，为什么会出现尺缩效应呢？这个问题有点复杂，我们下一节再学习。这一节，我们先看看另一件怪事。

回到故事里。汤普金斯心想：既然不能减肥，那就去找年轻人聊聊天吧。汤普金斯拼了命地骑，终于追上了刚才骑车的年轻人。这时因为两人的速度相等，所以彼此处于相对静止的状态，在汤普金斯眼里，年轻人的身体恢复了正常，不再是压扁的样子了。

汤普金斯边骑边说话：“你好，请问你要去哪里呀？”

年轻人回答：“我要去邮局寄一封信。”

汤普金斯说：“那我跟你一起去吧。我还有个问题想问你，生活在一个速度极限这么低的世界里，你不会觉得不方便吗？”

年轻人说：“速度极限？难道你觉得我骑得很慢吗？你看，咱俩说这几句话的工夫，我们已经骑过 5 个路口了，这有什么不方便的？”

**傅博士物理小知识**

尽管伽莫夫的《物理世界奇遇记》中关于高速运动的物体的尺缩、钟慢等效应的描述是准确的，但关于高速运动物体视觉形象的讨论是不完全准确的，要想准确描述运动物体的视觉形象，需要考虑“特勒尔旋转”。关于“特勒尔旋转”的详细解释，你可以自行寻找资料了解一下。”

## 钟慢效应

果然没什么不方便的，汤普金斯又跟年轻人说了两三句话，邮局就已经到了。从骑上自行车到现在，汤普金斯数了一下共骑过了 10 个路口。

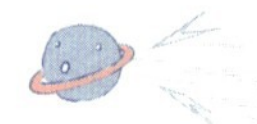

这时，汤普金斯看到邮局门口的时钟指向 5 点 30 分。回想一下，在故事的一开始，汤普金斯看到年轻人的时候是 5 点整。半个小时的时间骑过 10 个路口，这个速度也说不上很快。

不过汤普金斯却觉得，时间好像没用那么久，不是才说了几句话吗？他低头一看手表，发现自己的手表现在显示的时间是 5 点 5 分。邮局的时钟怎么比我的手表走得快？汤普金斯又觉得奇怪了，他问年轻人："是不是邮局的时钟坏了啊，怎么走得这么快？"

年轻人对汤普金斯的问题觉得有些不可理喻，因为在他们这个世界的人看起来，每个人用着不同的时间，运动会使物体的时间变慢，这种情况再自然不过了。可是，为什么会出现这种奇妙的现象呢？

要理解这一现象，我们得回到故事的开始。当时是下午 5 点钟，在汤普金斯的眼前缓缓驶过一辆自行车，骑车的是一个年轻人。我们想象一下：在这个年轻人的自行车上，挂着一个小盒子，小盒子的底部有一个朝上的手电筒，小盒子的顶部是一面镜面朝下的镜子，自行车向右行驶。

假如把手电筒打开，光线从手电筒射到镜面，再原路返回手电筒，整个过程在汤普金斯看来花了多长时间？在年轻人看来又花了多长时间？

这么提问，你是否能猜到，同一件事在汤普金斯和年轻人眼里所花费的时间是不一样的。没错，先公布答案：光线走一个来回所花的时间，在汤普金斯眼里比年轻人眼里更长。全部的推导过程有些复杂，如果你不能理解的话，只要记住这个结论就可以了。下面一起来看看具体的推导过程。

我们先从年轻人的视角来观察盒子。因为盒子就在自行车上，所以在年轻人看来，盒子相对于他是静止的，那光线走一个来回的距离就很好计算了。我们假设盒子上下之间的距离是 $L$，那么，光线走一个来回就是 $2L$，将距离 $2L$ 除以光速 $c$，就是来回所花的时间。

我们再切换到汤普金斯的视角。在他的眼中，自行车并不是保持静止的，在光线发射和反射的过程中，自行车已经带着盒子运动了一段距离。

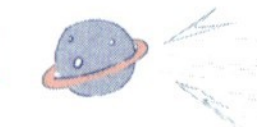

打开手电筒的时候，手电筒位于 B 点，等光线到达镜子的时候，镜子已经跟随盒子到达了 A 点，而等到光线返回手电筒的时候，手电筒又运动到了 C 点。

在汤普金斯看来，光线来回反射的运动轨迹并不是垂直的路线，而是两条斜线。所以，就像图中所示一样，光线运动的距离不是 $2L$，而是 $2D$，$D$ 代表的是斜线的长度。那么在汤普金斯眼里，光线来回反射就花了 $2D$ 除以光速 $c$ 的时间。请记住，因为光速不变原理，在汤普金斯和年轻人眼中，光速都是相等的，所以计算时间时都是除以光速 $c$，即 20 千米 / 小时。

时间都计算出来后，我们来比较一下，很明显，斜线的长度 $D$ 是大于直线长度 $L$ 的，所以，在汤普金斯眼里，光线来回所用的时间要大于年轻人眼里的时间，也就是说骑车的年轻人感受到的时间更短。这种运动物体的时间流逝速度变慢的现象，就是相对论里著名的“钟慢效应”。

年轻人骑车的时候，他的时间流逝速度会变慢，而汤普金斯后来骑上了自行车，他的时间流逝也变慢了。所以，邮局的时钟过了 30 分钟，而汤普金斯的手表才过了 5 分钟，这就是钟慢效应的表现。

钟慢效应不是指只有钟表行走的速度会发生变化，而是指时间本身的流速发生了变化。汤普金斯确实只度过了 5 分钟，而邮局的一切人与物，也是货真价实地度过了 30 分钟。时间真的会随着物体运动的速度发生改变。

至此，钟慢效应就讲完了，那么尺缩效应呢？骑在自行车上，周围的一切为什么都会变扁呢？

## 傅博士的物理笔记

1. 在狭义相对论中，运动者的时钟都会走得较慢，这种效应被称为“钟慢效应”或者“时间膨胀”。

2. 钟慢效应不是指只有钟表行走的速度会发生变化，而是指时间本身的流速发生了变化。

扫一扫，听听傅博士怎么说

如果 A 和 B 两位宇航员分别在不同的飞船上，他们都以很高的速度朝着不同的方向飞行，由于钟慢效应，A 认为 B 的时间变慢了，B 也会认为 A 的时间变慢了。你认为他们谁说得更有道理，或者他们说的都没有道理？你能想到什么方法来解释他们之间的矛盾吗？

这个问题也是狭义相对论领域的一个经典问题，在学习了更多的内容之后，或许你能想到解决这一矛盾的方法。

7

# 尺缩效应和同时的相对性

我们跟随《物理世界奇遇记》的主角汤普金斯，体验了相对论世界里的“钟慢效应”和“尺缩效应”。看起来是不是很神奇？还有更神奇的哦！

# 尺缩效应的原理

我们通过光速不变原理理解了钟慢效应，那么尺缩效应是怎么回事呢？为什么在高速运动的汤普金斯眼里，整个世界看起来都扁了？

其实，理解了钟慢效应，再来理解尺缩效应，也不是什么难事。

我们在测量一个物体长度的时候，除了直接用尺子量，还有一种间接的方法，就是用速度乘以时间来计算。

在上一节中，汤普金斯下午 5 点整出发，骑行经过 10 个路口后到达了邮局。因为钟慢效应，在汤普金斯看来，自己只骑行了 5 分钟，而邮局的时钟却“告诉”他，他骑行了 30 分钟。

那么在邮局员工看来，汤普金斯从出发点到达邮局，一共骑行的距离是汤普金斯骑行的速度乘以 30 分钟。而在汤普金斯自己看来呢，他从出发点到达邮局，骑行的距离却是自己骑行的速度乘以 5 分钟。

这很容易算出来，在运动的汤普金斯眼里，骑行的距离只有邮局员工眼中距离的六分之一。换句话说，在运动物体的视角中，距离会缩短，这就是“尺缩效应”。

**钟慢效应与尺缩效应其实是同一件事的两种不同视角。**在静止的观察者看来，运动的人时钟走得慢，他们的动作就像动画片里的慢动作一样，这是钟慢效应；反过来，在运动的人看来，自己的时钟很正常，然而外界的空间却被压缩了，所以自己明明只是走了几步路，却跨越了很长一段距离。

请注意，尺缩效应并不是一种视觉错觉，空间的距离不是看起来被压缩了，而是空间真的被压缩了。所以，我在本书第一节里说，宇航员的速度如果接近光速，整个宇宙都会压缩到只有一步那么远，环游宇宙就变得很轻松了。

## 同时的相对性

说起空间压缩，除了环游宇宙之外，你有没有想到一些神奇的“法术”？回想一下，在《西游记》中，孙悟空的金箍棒可大可小，大到能把天捅个窟窿，小到能塞进孙悟空的耳朵眼里，听起来似乎跟尺缩效应很相似，那有没有可能孙悟空就是利用了尺缩效应把金箍棒变小了呢？

物理学家还真的设想过一个实验，能把大的东西关进一个小的容器里，这个实验叫“谷仓实验”，谷仓就是装稻谷的粮仓。接下来的内容有些抽象，请你集中精神，结合插图仔细阅读。

假设有一个静止不动的谷仓，谷仓的底部是圆形，

直径为 3 米。在谷仓的左右两侧各有一个门，那么两个门之间相隔也是 3 米。现在有一个长度为 3.1 米的梯子，梯子比谷仓长 0.1 米，显然不能横着放进谷仓。或者说，如果你把梯子横着放进谷仓，就没法同时关上谷仓左右两侧的门。

这时，有人提出了一个好主意，假设让超级厉害的超人拿着梯子，以接近光速从左侧门冲进谷仓。那么在站在谷仓外的人看来，梯子就会因为尺缩效应变短，假如从原来的 3.1 米缩短到了 2.9 米。梯子变得比谷仓还短了，不就能完整地放进谷仓了吗？

我们甚至可以趁超人搬着梯子进入谷仓的一瞬间，把谷仓左右两侧的门关上，然后拍下一张照片，证明奇迹出现了！当然，这个关门瞬间得把握好，如果不及时打开右侧的门，速度很快的超人就会把门撞得粉碎了。

下页图片展示了把梯子完全装进比它更短的谷仓的奇迹瞬间，这个尺缩效应是不是比魔术还厉害？

可是，也别高兴得太早。相对论当然不能只听某一个人的说法，我们看到还要听听超人怎么说。在他眼里的整件事，和你看到的可完全不一样。

在超人的视角里，因为他一直搬着梯子，梯子与他之间是相对静

谷仓外旁人视角

止的，所以梯子长度一直都没变，还是 3.1 米。由于运动是相对的，在超人看来，谷仓在朝着他奔跑过来，所以就像是汤普金斯看到街道变窄了一样，在超人眼里，刚才明明是谷仓缩短了！谷仓的长度本来就容纳不下一个梯子，现在它的长度还缩短了，那只会更加装不下一个梯子。

谷仓外的我们和超人对同一件事情发表了完全不同的看法，到底谁的说法才是正确的呢？在一个谷仓里，到底能不能塞下一个长度更长的梯子呢？

答案是两个看法都正确。在尺缩效应导致的不同看法背后，其实还隐藏着相对论里另一个更有深度的观点——同时的相对性。同时也有相对性吗？这是什么意思？别急，我们先举个例子。

假设你站在铁路面前，当一辆火车行驶过来，火车的中间点恰好经过你的时候，火车中间点座位上的人点亮了一盏灯。

那么在火车中间点上的那个人看来，这盏灯发出的光同时抵达了火车头和火车尾。这很好理解，因为光速向前和向后都是一样的，而且经过的路程也相同，当然是同时抵达了。

但是在地面上的你看来，事情并不是如此。你与火车中间点重合的时候，灯亮了，此时火车仍然在往前运动。根据光速不变原理，对你而言，火车上的光也是光速，光想要抵达火车两端需要一些时间，而在这个时间里，火车又向前运动了一段距离。这样一来，射向车尾的光就提前抵达了车尾；而射向车头的光，却要去追赶前进的车头，所以会延迟抵达车头。

在火车上看来，光同时抵达车头车尾，但是在地面上的你看来，却变成了不是同时到达。是不是很震惊？这就是“同时的相对性”。

超人视角

如果你还没有理顺这个过程，可以自己再思考一遍。认真想一想，在一个人看来是同时发生的事，在另一个人看来，可能是不同时发生的。这个例子是爱因斯坦提出来的，这个实验也被称为“爱因斯坦的火车”。

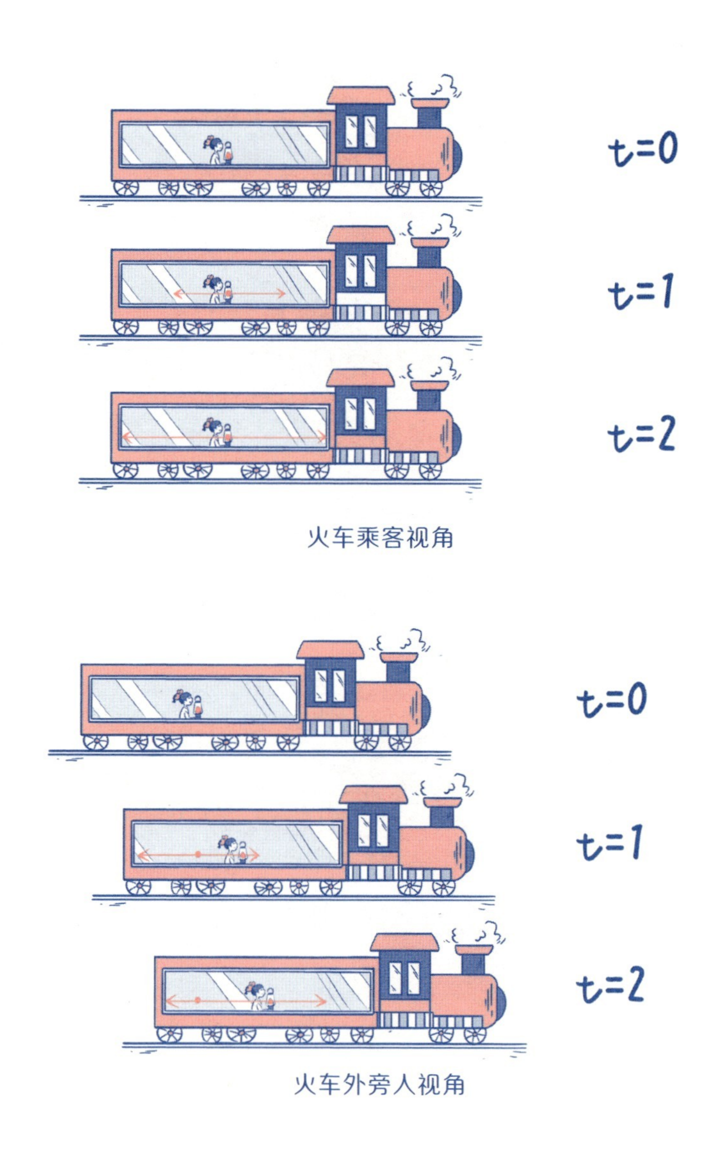

理解了同时的相对性，我们接着前文再来看超人眼里的谷仓实验。在谷仓外面的我们看来，谷仓的左右门是同时关上的，甚至还有照片为证。但对超人来说，左右门却并不是同时关上的。

在超人看来，谷仓相对于他进行了运动，所以谷仓发生了尺缩效应，变得更短了，把梯子放进谷仓是绝不可能的。当超人带着梯子冲进谷仓后，他会先看到有人飞快地关上了谷仓的右门，然后又打开放他出来。而当梯子的末尾刚刚进入谷仓的时候，又有人飞快地关上了谷仓的左门，然后打开。超人就这么带着梯子冲出了谷仓。

也就是说，在谷仓外面的人看到的同时关闭的左右门，在超人眼里变成了先关右门、再关左门，其实这两个看法都对！回想一下，前文已经说过，在相对论的世界里，每个人都有一个属于自己的钟表，所以“同时”变成“不同时”也就没什么奇怪的了。

这种看似矛盾的情况在相对论的世界中常常出现，运动的速度不同，看到的场景完全不同，往往“公说公有理，婆说婆有理”，但实际上双方都是对的。在物理学中，这种看似矛盾而实际上不矛盾的说

**傅博士物理小知识**

**悖论**是表面上同一命题或推理中隐含着两个对立的结论，而这两个结论都能自圆其说。形式为：如果事件A发生，则推导出非A，非A发生则推导出A。

**佯谬**是指基于一个理论的命题，推出了一个和事实不符合的结果。它在科学中是普遍存在的，并有区别于悖论这种逻辑矛盾。研究佯谬，可以增强科学认识能力，活跃思维，引导人们不断深入探讨自然界的奥秘。

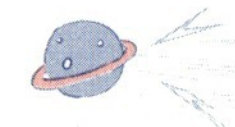

法被称为“悖论”或者“佯谬”。谷仓实验中的谷仓和梯子的问题就是著名的“谷仓悖论”。物理学中有很多类似的悖论，它们是我们理解相对论现象的关键线索。

1. 狭义相对论预言，杆子沿自身长度方向运动时，其长度比它静止时的长度短，这种现象被称为“尺缩效应”或者“长度收缩”。

2. 尺缩效应是“同时的相对性”的体现，这种现象反映了空间距离的相对性。

扫一扫，听听傅博士怎么说

在爱因斯坦提出相对论之前，就有科学家想到高速运动的物体可能出现“长度收缩”的现象，甚至推导出了正确的物理公式，但是，他们对于长度收缩的解释却是错误的。他们认为，长度的收缩是因为固体材料（例如梯子）在运动的方向上被“以太”压缩所导致的。你能不能设计一个实验方案，来证明这种理解是错误的呢？

8

# 火车上的目击者

“

我们将再次回到《物理世界奇遇记》，跟随汤普金斯破解一起谋杀案，过一过当大侦探的瘾。请准备好你已知的一切相对论知识，破案的时候可能会用到哦。

”

# 火车站的枪击案

汤普金斯离开邮局之后，搭乘了一列火车去旅游。在本书第6节，我们提到过汤普金斯梦中世界的光速只有20千米/小时，他乘坐的火车的速度已经接近光速了。

到了中午，火车经过一个乡村小站。因为车站很小，所以火车原计划是直接通过，并不停靠。但就在这时，意外发生了。

汤普金斯在车上看到，车站的站台上没有什么人，只有这个车站的站长和远处的一个搬运工。

突然，站长身体抖动了一下，缓缓倒在地上，一滩血从身下流了出来，这显然是中了一枪。搬运工看到站长倒下，马上朝站长跑过去，在路上，他捡到一把手枪，看来这把手枪就是凶器了。

“警告，警告，乡村小站发生了枪击案！”汤普金斯乘坐的火车紧急停车，乘客们在站台上围了一圈。没过一会儿，警察也赶到了现场。这时候，可怜的站长已经不幸死去，而搬运工正蹲在站长身边，手里还拿着捡来的那把手枪。

警察检查完尸体，立刻用手按住搬运工，

大声说道："哼！是你杀了站长吧！快把枪交出来，跟我到警察局走一趟！"

"啊……啊……不是我，真的不是我！"搬运工声音颤抖地解释，"我怎么会杀站长呢？这把枪不是我的，是我刚刚在站台上捡到的。他们，他们，火车上的乘客都看到了，真的不是我杀的啊！"

汤普金斯是一个正义的市民，听到这话，他立刻走到警察面前说："我可以作证！是站长先中枪倒地，然后搬运工才拿起手枪的。搬运工绝对不可能是凶手！"

可是，警察却自信地说："你的证言不可信。难道你不知道，事情发生的先后顺序取决于你的运动速度吗？虽然你的确是先看到了站长倒地，然后才看到了搬运工捡起手枪，可当时你是坐在一列正在高速行驶的火车上啊。有可能在站台上来看，是搬运工先捡起了手枪，然后站长才倒地的。"警察成竹在胸，而且带点蔑视地看着汤普金斯。

看来这位警察的相对论学得不错。但是，"同时的相对性"是同时发生的两件事，换一个人来看可能是不同时发生的，并没有说两件事的先后顺序还能颠倒啊。

假如发生了 A、B 两件事，在你看来是 A 先发生、B 后发生，在我看来却是 B 先发生、A 后发生。如果真的会这样，那这个世界岂不是没有唯一的真相了？

但是，在相对论的世界里，还真的有可能发生这样的事。下面，我们又要进入"烧脑"时间了。

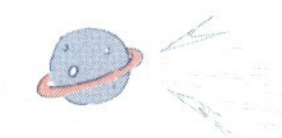

# “公说公有理，婆说婆有理”

假设在汤普金斯梦中的物理世界里有两架在地面上看来机身一样长的飞机，此刻它们正在天空中做特技表演，头对头迎面飞行，其中一架比另一架的飞行高度高几十米。在某一个时刻，地面上的观众会看到两架飞机上下对齐了，上方飞机的机头正好对准下方飞机的机尾，下方飞机的机头正好对准上方飞机的机尾。如果你是观众，你肯定会说，两架飞机一样长，它们头尾分别对齐是同时发生的吧。

假如此刻你坐在上方的飞机里，会看到什么现象呢？飞机飞行的速度几乎赶上了这个世界的光速，由于尺缩效应，在你看来，下方对面飞来的飞机变短了，所以，两架飞机碰头之后，你所在飞机的机头会先与下方飞机的机尾相遇，继续飞行一会儿，你所在飞机的机尾才会与下方飞机的机头相遇。本来是同时发生的事，现在却错开了。

接下来，我们将视角切换到下方的飞机里。假如你坐在下方飞机中，同样因为尺缩效应，在你看来，是上方的飞机缩短了。这会导致什么结果呢？没错，下方飞机的机头会先与上方飞机的机尾相遇，继续飞行一会儿，下方飞机的机尾才会与上方飞机的机头相遇。

在上方飞机视角中，两架飞机的机头和机尾相遇的先后顺序，恰好与下方飞机视角中的相反。而且，整个推理过程只用到了尺缩效应，也没有出错，事实就是如此。这是“尺缩效应”深入应用之后得到的神奇现象。

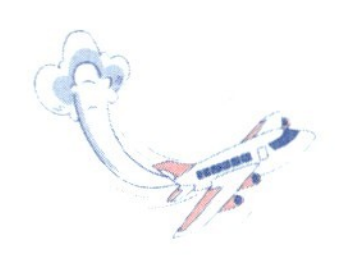

## 真相只有一个!

此时，我们再回到火车站来分析一下站台谋杀案。警察说的似乎很有道理啊，说不定在站台上的人看来，还真的是搬运工先捡起枪，站长后倒地的。那么同一件谋杀案岂不是有两个真相了？一个是搬运工杀死了站长，另一个是搬运工纯属冤枉。这两个真相，哪个才是真的？

此时，可以先停止阅读，思考一下，然后再继续往下看。

答案揭晓：汤普金斯的证词有效，那位搬运工的确是被冤枉的。

汤普金斯看到的画面很完整。一开始，站长站在一边，搬运工站在另一边。站长倒地之后，搬运工听到动静才朝站长跑去，中途捡起了一把枪。

站长中枪在先，搬运工捡枪在后，所以不可能是搬运工枪杀了站长，凶手另有其人。

而且，整个事件的先后顺序不管是在站台上，还是在火车上看起来，都不会发生变化。为什么呢？

试想一下，站长中枪而死，这件事一旦发生，就会以光速传播出去，这个不难理解，我们看到的任何物体，实际上看到的是那个物体发出或反射出的光。所以，一件事发生了，就像一块石头扔进水里产生一个圆形波纹荡开一样，站长死去这个画面也会在空间里形成一个球形的光波，以光速向外扩散开。当这个球形的光波遇到我们的眼睛时，我们就看到了站长遇害的画面。

那么，搬运工捡起枪这件事也会发出一个球形的光波，在光波传到我们眼睛的时候，我们就看到搬运工捡枪的画面。

因此，我们现在要回答的问题就变成了：搬运工捡枪的光波有可能超过站长中枪的光波，提前传到我们眼里吗？

答案是：不可能。搬运工看到了站长倒地，然后才朝站长跑去，路上捡起了枪。那么，搬运工看到站长倒地，就说明，站长中枪画面的球形光波已经抵达了搬运工的眼睛。所以，搬运工捡枪这事发出的球形光波一定形成得更晚，也更小，是一个小球形光波。

因为光速不论在谁看来都是不变的，所以不管是在站台上还是在火车上，都是站长中枪的大球形光波先抵达眼睛，搬运工捡枪的小球形光波后抵达眼睛。这就像我们在水里先扔一块石头，然后在激起的圆形波纹内部再扔一块石头，后形成的波纹不会超过先形成的外圈波纹。

所以，汤普金斯在火车上看到的就是真相。汤普金斯所看见的，与站台上的人看见的事情顺序是一样的，唯一的不同之处在于，尺缩效应导致，在汤普金斯眼里，搬运工与站长之间的距离看起来要比在站台上看起来短一些罢了。

听完这番讲解，警察终于明白自己想错了，当场宣布搬运工是清白

的，然后就去追查真凶了。让我们感谢汤普金斯的努力，用相对论知识给搬运工洗刷了冤屈；用光速不变原理，证明了真相只有一个！

看完这个故事总结一下，火车站的谋杀案背后蕴含的其实是非常深刻的物理知识。信息的传递，以及随之产生的因果关系，为我们确定各种事物发展的“时间先后顺序”提供了线索。两个事件只要有因果关系，那么不论观察者以怎样的速度运动，在他们的眼中，事件的先后顺序都是“绝对”保持不变的。

如此一来，尽管相对论让时间和空间都发生了改变，但这个世界上所有的因果关系仍然保持不变。爱因斯坦本人始终坚信，这种“因果律”是不会随着观察者的不同而发生改变的。在相对论的世界里，我们依然可以根据事情的因果，推断出真相，而“真相永远只有一个”也仍然成立。

## 傅博士的物理笔记

1. 事件发生的顺序有可能会随着参考系的改变而发生变化。

2. 相对论不会破坏因果律。有因果关系的两个事件，不论观察者以怎样的速度运动，在他们的眼中，事件的先后顺序都是“绝对”保持不变的。在相对论的世界里，我们依然可以根据事情的因果，推断出事情的真相。

扫一扫，听听傅博士怎么说

我们从两架飞机的相对运动和火车站的谋杀案两个例子出发，介绍了事件发生的先后顺序有些会随着参考系的变化而变化，但也有一些并不会改变。请你仔细对比这两个不同的例子，想一想为什么在两架飞机的例子中，事件的先后顺序发生了变化，而在站台枪击案中，事件的先后顺序却没发生变化呢？

9

# 光锥内外的命运

“

你是否听过这句话：光锥之内就是命运。这句话出自著名科幻小说《三体》。那么，光锥是什么呢？它又是怎么与命运扯上关系的呢？让我们一起进入光锥的世界，看看光锥到底是什么。

”

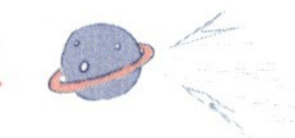

# 什么是光锥

“光锥”是相对论里的一个重要概念，理解了光锥，你不仅能读懂《三体》，还能更懂相对论。

其实，在上一节中我们已经悄悄使用了光锥的概念。在分析站台枪杀案的时候，提到站长中枪和搬运工捡枪这两件事从发生的那一刻起，就向外扩散出一个以光速前进的球形光波。在这个球形光波从小变大的过程中，留下的痕迹就是光锥。

球形光波扩散过程就像吹气球的过程，气球从小到大一直都是圆的，为什么会用“锥”这个听起来就很尖锐的字来描述呢？这是因为三维的球形光波很难画出来，所以物理学家发明了一种光锥的简单示意图，就像一个沙漏的形状，代表光锥。这个沙漏由上下两个圆锥组成，两个圆锥尖端接触的点代表一件事发生了，上方的圆锥代表这件事的影响力以光速在空间中传播，那么，下方的圆锥代表什么呢？

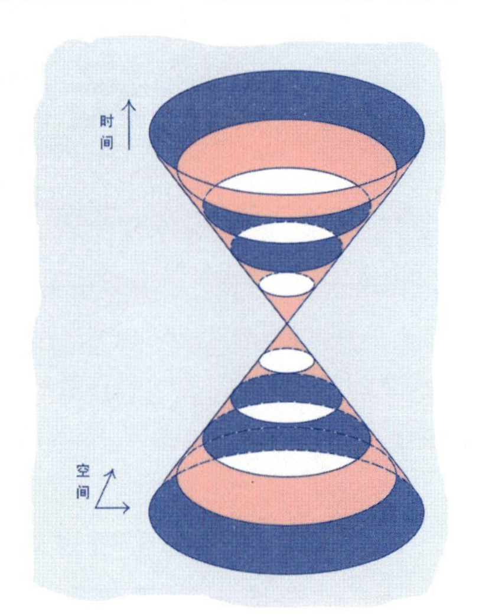


如果你看不懂这个沙漏形的示意图也没关系，你只需记住光锥是球形光波，也能理解接下来的内容。

## 光锥内外

关于光锥，我们需要掌握的最基础的一点是：**光锥内外是两个世界，在光锥中心点发生的事，只能影响光锥传播范围之内的空间**。这是因为光速是宇宙中的最高速度，也是信息传递的最高速度。在上一节，站长中枪的光锥还没有抵达搬运工的时候，搬运工是不可能发现这件事的。而当光锥扫过搬运工时，他才看到站长倒下了。

以你此刻所在的位置为中心，画一个半径是 1 光年的球。那么，你所做的任何事，在 1 年之内的时间里只能影响这个球内的空间，因为光传播 1 年的距离就是 1 光年。在 1 光年之外的“外星人”，不可能知道你这 1 年内做的任何事。

这个例子是一件事对未来的影响。反过来同样是这个半径为 1 光年的球，只有这个球里过去 1 年发生的事，才会对此刻的你造成影响。

此时你是否能想到，沙漏形示意图下方的圆锥，代表的是能影响一件事的过去的时间范围。当你站在光锥的中心点时，你所能影响的事，都发生在箭头朝上的未来光锥里；能影响你此刻的事，都发生在箭头朝下的过去光锥里。

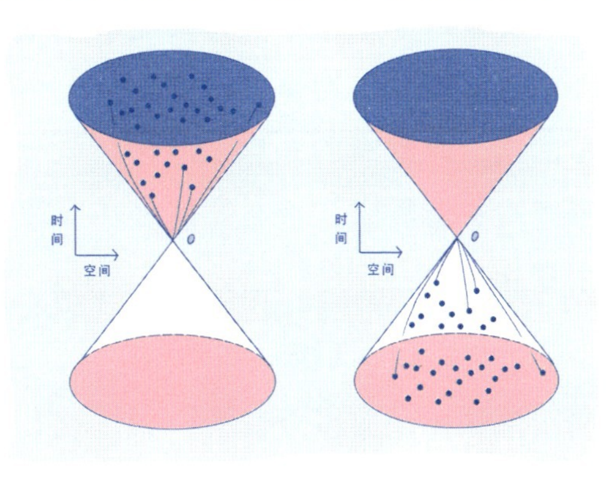


听起来是否像是命运已经注定。

这句话是什么意思呢？比如我们晚上看星星的时候，天上的恒星距离地球较近的有几光年，较远的有几百光年、几亿光年。我们看到星星闪闪发着光，其实都是它们几百年前甚至几亿年前的样子。这些恒星，有的说不定此刻已经爆炸后不存在了，但只要爆炸的光锥还没有覆盖地球，我们仍然会看到一颗亮闪闪的星星。而爆炸的光锥覆盖地球时，我们也只能看着，不可能回到过去让这颗星星躲过爆炸的命运。

总之，光锥之外的事情，你看不到，也无法干涉，等你进入光锥看到的时候，一切已成定局，无法改变。这就是“命运”的含义。

明白了光锥之内就是命运，我们回顾一下上一节最后的思考题：如何判断两件事的先后顺序，会不会随着观察者发生变化。

如何判断呢？我们只需要将两件事的其中一件放在光锥的中心点上，看另一件事是否在光锥的范围里。如果在的话，那么两件事的先后顺序是不可能发生改变的。上一节中，搬运工捡枪就位于站长中枪这件事的光锥之内，所以这两件事的先后顺序不会发生变化。

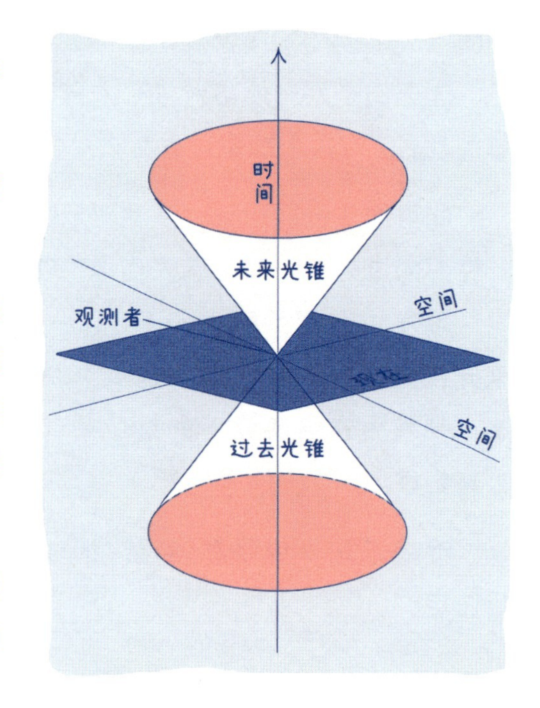


反过来，如果把一件事放在中心点，另一件事不在光锥里的话，两件事的先后顺序在不同观察者看来，就有可能发生变化。

上一节中提到的飞机相遇问题里，在地面观众看来，如果把上方飞机机头与下方飞机机尾相遇这件事放在光锥中心点，那么因为两件事同时发生，光锥还只是一个点，所以，上方飞机机尾与下方飞机机头相遇的场景发生在光锥之外。所以，两件事的先后顺序就会发生变化。

如果你不能理解的话，可以简单记住结论：**在不同地点同时发生的事，它们的先后顺序在不同观察者看来就可能发生改变。**

## 光锥之内就是命运

“烧脑”的部分就到这里。接下来我们回到《三体》，学习一点轻松有趣的物理知识。作者刘慈欣虽然在《三体》里写下“光锥之内就是命运”，但是他同时也亲手打破了这个命运，因为他创造了“智子”。

小说中，邪恶的三体人想侵略地球，但是他们离地球太远了，战舰需要飞行 400 年才能到达地球。在这 400 年里，地球上的科技也许已经发展得比他们更厉害，那三体人的战舰飞到地球岂不是送死吗？所以，三体人制造了一种神奇的武器——智子。智子有 4 个特征：第一是智子特别小，小到地球人根本看不到它，也抓不住它；第二是智子的速度接近光速，所以它只需飞 4 年就能到达地球；第三更有趣，智子是“超级间谍”，因为它可以帮助三体人“在光锥之外就能掌握光锥之内发生的事情”。

我们可以把地球人和三体人的战争看作打牌。地球人发明的先进武器，理论上最快也要 4 年之后才能被三体人看到，就像打出去的牌，要落到桌子上才能被对方看到。

可是智子特别厉害，它就像是三体人安排在我们牌桌后方的一个偷窥摄像头，能在一瞬间就把情报传回三体星，这就是超光速啊！原本最快要 4 年才能接收到的情报，现在三体人却可以提前知道，甚至还有 4 年时间来想好对策，如此一来，4 年后打起仗来，地球人就会失败。

如此一来，智子就用超光速打破了光锥，改变了地球的命运。

但是，这还不是智子最可怕的地方，在《三体》小说中，智子的第四个特征才是最厉害的，那就是它拥有智慧。智子用智慧综合了自己的另外 3 个特征，做出了更厉害的事。它干扰了地球上科学家们的实验结果，让地球从此再也没有新的科学发现，也没有任何新的技术发明，使地球永远比三体星落后。这简直太可恶了！

当然，《三体》中所设想的智子只存在于科幻小说中，现实生活中并不存在。所谓科幻故事，是在科学的基础上加点幻想，属于虚构文学。但我们也能从科幻故事里学到物理知识。

《三体》中的一个小小的智子超越光速就给地球带来这么大的麻烦。如果一个人能够超越光速，又会发生什么不可思议的事情呢？时间会倒流吗？

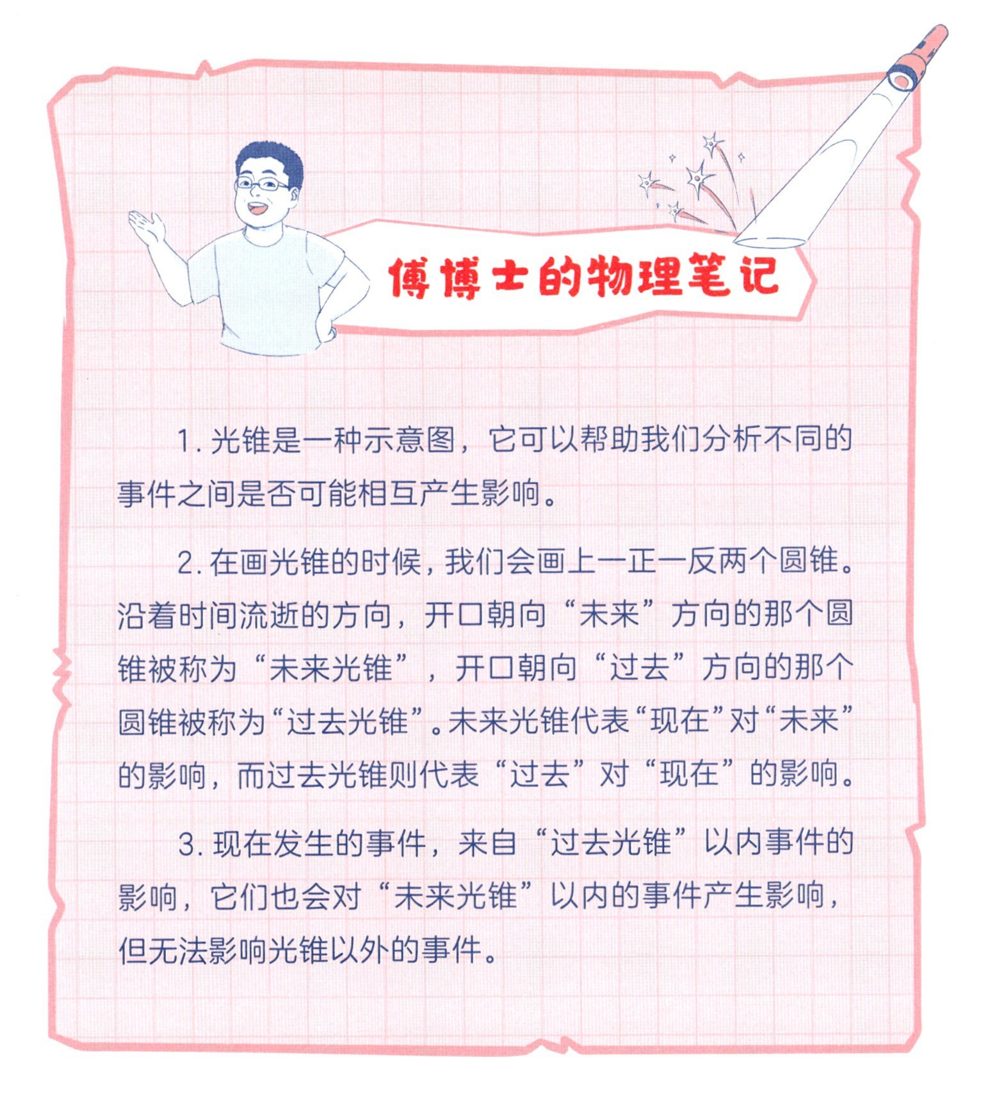


1. 光锥是一种示意图，它可以帮助我们分析不同的事件之间是否可能相互产生影响。

2. 在画光锥的时候，我们会画上一正一反两个圆锥。沿着时间流逝的方向，开口朝向“未来”方向的那个圆锥被称为“未来光锥”，开口朝向“过去”方向的那个圆锥被称为“过去光锥”。未来光锥代表“现在”对“未来”的影响，而过去光锥则代表“过去”对“现在”的影响。

3. 现在发生的事件，来自“过去光锥”以内事件的影响，它们也会对“未来光锥”以内的事件产生影响，但无法影响光锥以外的事件。

## 脑洞大开

扫一扫，听听傅博士怎么说

有物理学家提出了一种猜想，认为可能存在着另外一种截然不同的超光速粒子——“快子”。“快子”可以违反因果律，但是只要“快子”的运动速度一直比光速快，那么它的存在也不会违反相对论。这些“快子”永远处在光锥之外，它们构成了另外一个宇宙空间。尽管“快子”还没有被任何实验所证实，不过不妨发挥你的想象力，畅想一下，由“快子”所构成的世界里会出现哪些有趣的现象。

10

# 超光速和祖父悖论

“

你想拥有时间旅行的超能力吗？如果我们能搭乘时间机器，在历史长河里任意穿梭，你想做些什么呢？想去古埃及，看古人是怎么建起金字塔的吗？想回到十几年前，看爸爸妈妈是如何相遇的吗？还是想前往未来，看看几百年后人类过着什么样的生活？

”

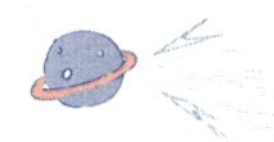

时间旅行很好玩，但是我们通过什么方法去旅行呢？如果我们回到过去，不小心改变了什么，那未来会发生什么变化呢？

## 超光速真的存在吗？

在科幻小说里有数不清的时间旅行方法，其中和相对论关系密切的就是超光速了。科幻故事里一般会说：如果物体运动的速度超过光速，那么时间就会倒流。听起来很不可思议，那事实上真的如此吗？

根据前文介绍的“钟慢效应”，当物体运动的速度越来越快、越来越接近光速的时候，时间的流逝也会变得越来越慢。当物体的速度恰好达到了光速时，时间将会彻底停止。根据这个理论继续推理，如果物体运动的速度超过了光速，那么时间似乎就可以倒流了。在这个视角里，世界上的一切都开始逆行：破碎的杯子恢复成完好的水杯；已经去世的人从坟墓里爬出来，变成一个老人，然后一天比一天年轻，最后变回婴儿，回到妈妈的肚子里……突然“啪”的一声，超光速运动停止，你已经回到了1亿年前，人类还没有出现，丛林里探出来一个大脑袋，那是恐龙！

现在，停止幻想，我们认真想一下：超光速是不是真的会让时间倒流呢？

至少在相对论里，超光速是不可能发生的。如果一定要问实现了超光速会怎么样，科学家也只能回答你：不知道。

这个答案听着有些扫兴。不过科学就是这样，很多时候给不出答案，或许只能等着未来的你去发现了。此刻我们可以先放下现实，暂时假设，想一想如果超光速真的把你带回到过去，会发生什么事情呢？

## 祖父悖论

有一部科幻电影叫作《终结者》。在这部电影里，未来的地球已经被机器人所掌控，大部分人类都灭亡了，只剩下一小群人还在坚持反抗，反抗军的领袖叫约翰。此时的大反派——超级计算机系统“天网”想到了一个主意：如果没有约翰，那么人类的反抗军也就不会产生，机器人就能干脆利落地消灭所有人类。于是“天网”派出了机器人杀手“终结者”，让他通过时间旅行回到约翰诞生之前，把约翰的母亲消灭掉。

与此同时，反抗军领袖约翰也派遣下属回到过去，与终结者对抗。结果这个下属在与终结者对抗的同时，还与约翰的母亲相爱了，并成了约翰的父亲。这样一来，事情的因果顺序完全颠倒，约翰的诞生变成了是由他自己所决定的。更诡异的是，在电影的最后，人类反抗军最终摧毁了“天网”，可是如果“天网”已经被摧毁了，那又是谁派遣了“终结者”来试图杀害约翰的母亲呢？

虽然《终结者》这部电影的故事非常精彩，但是如果真的有人回

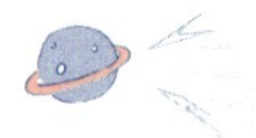

到过去，就会出现许多难以理解的逻辑悖论。最早提出这种悖论的是法国科幻小说作家赫内·巴赫札维勒，他认为，假如你回到过去，在自己的父亲出生前将自己的祖父杀死，这样的话就不会有你的父亲，也因此不会有你，那么也就不会有人杀死你的祖父。简单来说，如果你杀死你的祖父，那么你的祖父就不会被你杀死，这简直是太奇怪了！

赫内提出的这个悖论叫作“祖父悖论”。“祖父悖论”是指通过时间旅行回到过去可能导致悖论。通过时间旅行前往未来也有可能出现悖论，这种悖论叫作“先知悖论”。

试想假如某人通过时间旅行前往未来，得知自己在未来的一次登山中遇难了。他通过时间旅行回来之后，决定从此再也不登山，这样自己将来就不会死于登山了。这个想法听起来挺好，但是假如他真的改变了未来，从此以后再也不登山，那通过时间旅行前往未来的那个人，又是怎么知道自己会死于登山的呢？

这两个悖论的逻辑有些复杂，不过只要仔细思考一下就会发现，不论是通过时间旅行回到过去还是前往未来，都会陷入悖论的陷阱里。

有的科学家因此认为，既然悖论无法避免，那说明时间旅行永远都不会发生。《时间简史》的作者，著名的物理学家斯蒂芬·威廉·霍金就是这一派科学家的代表人物。普通人碰到这种难题只会争论一番，而霍金不一样，他亲自做了一个实验，证明时间旅行是不可能的。

他是如何做实验的呢？2009年6月28日，霍金举办了一场派对，他邀请所有的时间旅行者参加这场派对。不过，霍金在派对结束

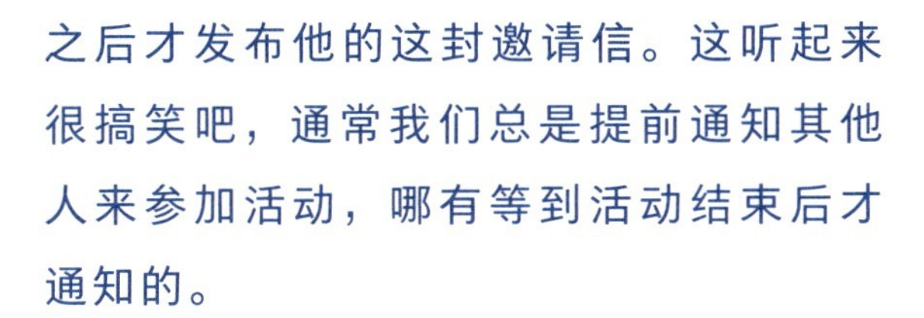

之后才发布他的这封邀请信。这听起来很搞笑吧，通常我们总是提前通知其他人来参加活动，哪有等到活动结束后才通知的。

不过，这对时间旅行者来说应该不是什么难事。霍金说，如果有人真的可以通过时间旅行回到过去，即使他是在派对结束时才收到邀请，他也可以通过时间旅行回来参加派对。可惜的是，整场派对从头到尾，现场只有霍金一人，并没有别人来参加。

霍金认为，这个实验可以证明，时间旅行是不可能实现的。

**傅博士物理小知识**

**斯蒂芬·威廉·霍金**（1942年1月8日—2018年3月14日），英国剑桥大学著名物理学家，现代伟大的物理学家之一、20世纪享有国际盛誉的伟人之一。

霍金的主要研究领域是宇宙论和黑洞，证明了广义相对论的奇性定理和黑洞面积定理，提出了黑洞蒸发理论和无边界的霍金宇宙模型，在统一20世纪物理学的两大基础理论——爱因斯坦创立的相对论和普朗克创立的量子力学方面走出了重要一步。

# 平行宇宙

时间旅行不可能实现是以霍金为代表的一派科学家的看法。但是另一派科学家不这么认为，他们认为，或许我们有办法通过时间旅行回到过去，只是回到的是另一个平行宇宙。关于平行宇宙的说法非常多，我们可以简单地把平行宇宙理解成我们这个宇宙的不同版本。平行宇宙中的任何事物都与我们这个宇宙非常类似，有星辰，有生命，甚至也有和我们非常相似的人。在有的平行宇宙里，或许还有另一个你。另一个你今年也在上学，或许此时此刻也在阅读一本介绍相对论的科普书。

假设你通过时间旅行回到了一个平行宇宙的 2009 年，敲响了霍金家的大门，在霍金发出邀请之前，成功参加了他的派对。平行宇宙里的霍金特别高兴："哇，等了这么久，终于有时间旅行者出现了。"然后，你离开了霍金家，去寻找 2009 年的你。那时候，你的年纪可能还小，甚至还没出生，你可以看着爸爸妈妈相遇，结婚，生下你的整个过程。另一个你出生之后，你还能经常帮助他，提前告诉他考试的答案，躲过一次次受伤等。总之，你让另一个你过上了幸福的生活。

可是问题出现了，你在平行宇宙里所做的一切，并不会传递到我们这个宇宙。我们这个宇宙的霍金仍然没有看到时间旅行者，而你本人只是在某一天突然消失了，谁也不知道你去了哪里，你过去的人生也没有任何改变。

这是为什么呢？因为如果平行宇宙里的一切可以传递过来，那仍然会造成各种悖论。比如，如果你在平行宇宙里捣乱，没让爸爸妈妈相遇结婚，那么你就不会出生。但是如果你没有出生，现在在平行宇宙里捣乱的那个人又是谁呢?

所以，这种时间旅行的代价就是：平行宇宙的历史与我们这个宇宙的历史是完全隔绝的。你穿越过去，相当于只是换了个地方生活而已，我们这个宇宙也只是多了一个失踪人口。

你觉得这种不能改变历史的时间旅行，还算时间旅行吗?

更重要的是，在有间接证据证明平行宇宙的存在之前，这种说法只能被看做是一种无法被实验验证的假说，不能被看成是某种科学理论。

可能你现在对超光速还有很多疑问，这些问题会在后续章节中继续讨论。

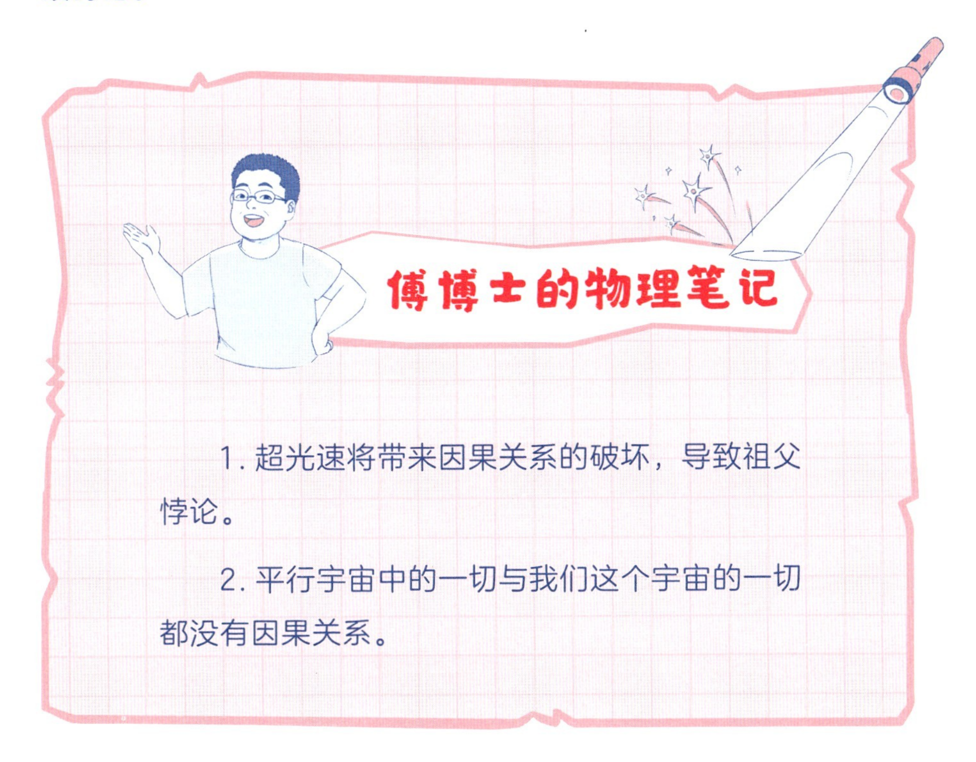


1. 超光速将带来因果关系的破坏，导致祖父悖论。

2. 平行宇宙中的一切与我们这个宇宙的一切都没有因果关系。

想象一下，如果可以超越光速，将会出现哪些奇怪的现象？

例如，如果物质或者信息的传播速度可以超越光速，那么因果律将会被破坏，可能出现很多奇怪的现象。或许我们会看到应约来访的朋友在出发之前就已到达，或许可以看到玻璃杯掉落在地面之前就已经碎了，或许看到受害者在凶手开枪之前就已经死亡……

# 11

# 四维空间是什么样的？

有人说，传说中的鬼魂、神仙都住在四维空间，所以我们看不见它们，它们却能看见我们。还有人认为，我们之所以找不到外星人，是因为他们藏在四维空间里。世界上真的存在四维空间吗？你有没有想象过四维空间是什么样的？如果我们进入四维空间，会发生什么呢？

对于生活在三维空间里的人类来说，要想象四维空间是一件非常困难的事。不过早在一百多年前，英国著名神学家和小说家埃德温·艾勃特就仔细思考过四维空间，他还把自己的思考写成了一本书——《平面国》，这本书堪称理解空间维度的最佳入门书。现在，跟着我一起从物理的角度，看看这本书里的科学故事吧。

## 平面里的世界

假如在我们生活的世界存在一个二维国家，会是什么样呢？二维国家是什么意思呢？众所周知，我们生活的世界是三维的，这个世界里的任何物体都有长、宽、高三个维度。但二维国家就不一样了，其中的物体只有长和宽这两个维度，没有高，简单来说，我们可以把它理解为存在于一张纸面上的国家。

在这个国家生活的居民，当然不会和我们一样有身高，他们都是扁扁平平的，只能在一个平面里活动。《平面国》里说他们实际上都是各种各样的几何图形，三角形、四边形、五边形、圆形等。这本书的主人公，就是一个正方形，他是一位数学家。

生活在二维国家有一个大难题，那就是如何识别彼此。我们通常会想到，用眼睛看不就行了？事情可没这么简单。比如说识别正方形，我们站在桌边，把一张正方形的纸片放在桌面上，然后慢慢弯下腰，直到视线与桌面平行，从这个角度看，看到的正方形是不是只是一条线段？

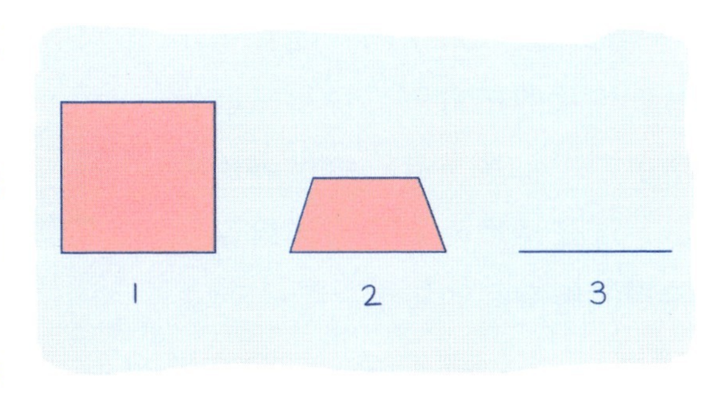


二维世界的居民看不到高度，所以在他们眼里，正方形看起来就是一条线段。同样，无论什么图形，例如，三角形、圆形，在他们看起来都是一条线段。这就麻烦了，大家都是线段，那就没办法分清谁是谁了。

为了解决这个问题，平面国的居民想到了其他方法。他们见到彼此，会主动打招呼，通过听声音来辨别对方是谁。除了打招呼，平面国居民还有一种习惯是触摸，这种习惯与人类的握手有点类似。他们见到彼此，会用手摸一摸别人的角，测量出来角的大小，也就能猜到形状了。

当然，从视觉来判断形状也并非完全不可能。

有一天，数学家正方形正在家里休息，突然有一个神秘来客造访。见多识广的正方形，也从没见过这种事。一开始，正方形感觉家里突然来了个陌生人，但是他却找不到这位不速之客到底在哪里，就像是“隐身”了一样。然后，一个图形突然出现在房间里，它看起来当然像一条线段了。正方形既没听到他说话，也不敢过去触摸他，只好使用视觉去看。

在正方形看来，这条线段从中间到两端逐渐变暗。中间最亮，那是离自己近，两端最暗，那是离得远，所以正方形推测，中间近、两端远，这应该是个圆形吧？不过，这个圆形跟别的圆形不一样，他能够随意变换大小，一会儿大，一会儿小。在平面国的世界里，还从来没见过谁拥有这种能力。

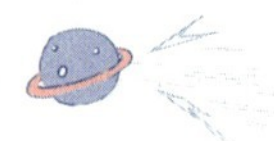

是外星人来了吗？还真是。看到惊呆的正方形，神秘来客发话了："我是来自三维世界的球形，现在特地来到平面国给你们传授三维空间的知识。"

正方形一听，愣住了。三维是什么东西？完全不能理解。球形对正方形说"向上""向下"，但是正方形只能理解"向左""向右"。在平面国就没有"上""下"的概念。

在正方形看来，球形是一个大小不断变化的圆。但其实，那只是球形的身体穿过了平面国，正方形看到的只是它在平面国上的"截面"。想象一下，球形刚刚接触到平面国的时候，截面只有一个点。如果球形向下移动，平面国上的截面是个小圆形，随着球形逐步向下移动，圆形截面会不断变大，当球形的正中间穿过平面国时，那正方形看到的就是一个最大的圆形成的线段。

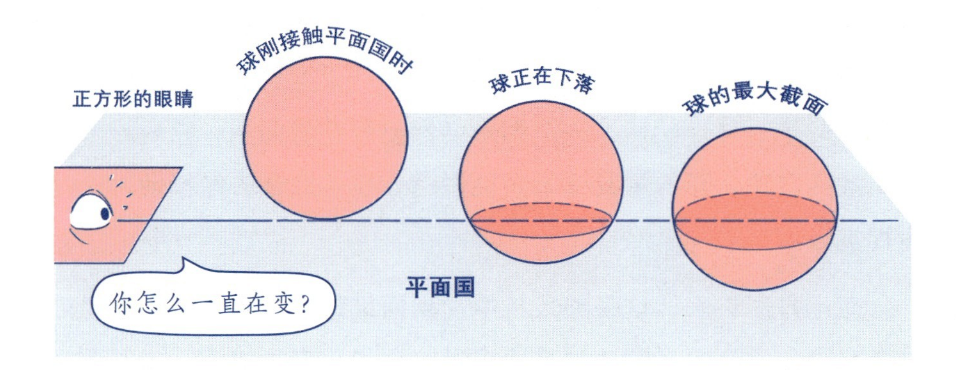


就像我们用刀切球形的西瓜，平面国只能容纳切出来的截面，平面国的人只能看到这个截面形成的线段，而我们却能看到整个截面和整个西瓜，这就是维度不同带来的视觉差异。

那么，如何才能让生活在二维世界中的正方形理解三维现象呢?球形发现道理讲不通，就开始展示“神迹”了。

“神迹”一共有三个。

第一个“神迹”，隔空取物。正方形家里的橱柜放着一本书，橱柜的门关得严严实实。球形把这本书拿到三维空间，然后把它丢在房间的另一个角落，在平面国的人看来，这完全就是欺负人嘛。其实，这就是我们每天都在做的事，把桌子上的书本拿起来再放下。但是正方形看不到拿起、放下的过程，这对他来说当然就是“神迹”了。不过，正方形震惊之余还是想不明白这是怎么回事。

然后，球形展示了第二个“神迹”，触摸内脏。在二维的世界里，每个几何图形都是封闭的，谁也看不到彼此的内脏，这种情况与我们三维世界差不多。但是在球形看来，平面国里每个人的内脏都暴露在外边。于是，球形没等正方形提出反对意见，就从上方伸手进去，轻轻在正方形的内脏上捏了一把。啊！正方形感到身体内部一阵刺痛，它简直气坏了，要用自己的直角狠狠地去撞这个奇怪的圆。

球形叹了口气，使出了第三个“神迹”：维度提升。它一下子把正方形从平面国拽了出来，来到了三维空间。在一阵头晕眼花之后，正方形睁开眼睛，先是看到了自己的家——一个五边形的建筑，然后看到了家里的 4 个儿子、2 个孙子，还有橱柜里藏着的金子……一切都同时出现在正方形眼前，他这辈子第一次看到了自己家的全貌，当然也看见了所有家人的内脏。球形带着正方形继续在三维空间中上升，它看到整个平面国缩成一张小小的地图，芸芸众生所在的平面国，原来不过是一张纸而已。

终于，正方形明白了三维空间的存在，他终于相信了球形的理论。

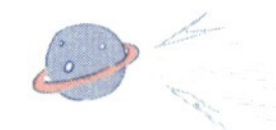

# 四维空间的幻想

读完平面国的故事，你对四维空间有了新的想法吗?

假如四维空间真的存在，在四维空间生活的“外星人”看来，我们就和正方形一样愚蠢。理论上，四维“外星人”如果来到地球，也能给我们展示“神迹”，比如隔空取物、触摸内脏，也许他们都能做到。如果我们看不到他们，那他们有可能藏在了第四维度里。

当然，这只是一种美好的想象。实际上，现在科学家并没有发现宇宙里还隐藏着其他维度。

平面国的故事还在继续……

正方形不愧是一个数学家，在明白了三维世界之后，他马上就想到：有三维空间的话，那是不是也有四维空间呢?

然后，数学家正方形开始进行逻辑推理：

首先，想象一个零维的物体，也就是一个点。如果我们移动这个点，它扫过的区域就会形成一个一维图形——线段。线段有 2 个端点，或者说 2 个顶点。

其次，移动这个一维的线段，这条线段扫过的区域形成了一个二维图形——正方形，正方形有 4 个顶点。

最后，再次移动二维的正方形，这个正方形扫过的区域就会构成一个三维物体，也就是一个立方体，仔细数一数，这个立方体有 8 个顶点。

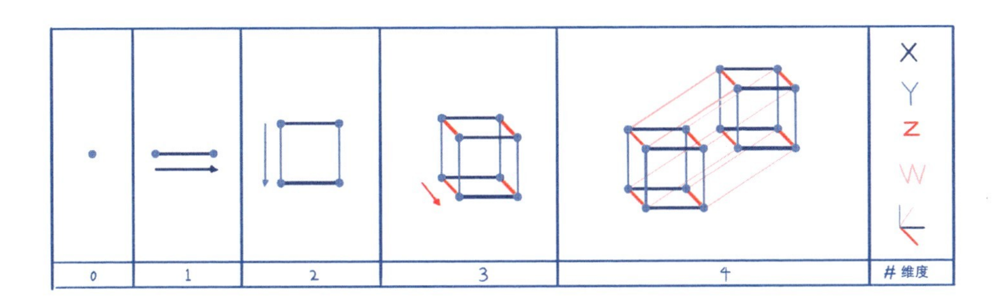


从线段的 2 个顶点，到正方形的 4 个顶点，再到立方体的 8 个顶点，根据这个规则，在四维空间里面，如果我们移动三维的立方体，这个立方体在四维空间中扫过的区域会形成一个四维空间中的“超立方体”，这个超立方体应该有 16 个顶点。你能想象出来这种结构吗?

超立方体是这一节里最抽象的四维空间知识，现在想不出来没关系，随着你掌握的知识量的提升，总有一天可以想象出来。

正方形把他的这些想法告诉三维空间的球形，没想到球形大发脾气，认为正方形是在胡说八道，一巴掌把正方形打回了平面国。唉，真的有点讽刺，球形苦口婆心给正方形普及三维空间的知识，但一旦说到更高的四维空间，他自己反而变得和原来的正方形一样固执。看来，我们还是要向正方形学习，开放自己的思维，包容别人不一样的想法，这样自己的知识才能不断增长。

《平面国》的故事到此就结束了，想必你也了解了四维空间的一些神奇之处。你或许还听说过，相对论认为，其实我们的世界本身就是四维空间。这是真的吗? 如果真是这样，那我们怎么看不见第四个维度呢?

# 傅博士的物理笔记

1. 对于在三维空间里生活的人来说，想象四维空间相对比较困难。不过，我们可以很容易地想象更低维度空间中的场景。

2. 在狭义相对论里，时间也被当成一个维度，这种特殊的四维空间也叫作“四维时空”。

扫一扫，听听傅博士怎么说

M 理论是物理学家尝试将各种相容形式的超弦理论统一起来的一套高深理论。M 理论所描述的时空是 11 维的，你能想象 11 维的空间吗？物理学家们又指出，这些多出来的维度很可能是“蜷缩”起来的，类似于橡胶水管，如果从足够远的距离外观察橡胶水管，它看起来就只有二维，就是长度。然而，逐渐向水管靠近，就会发现它的圆环面。请你想象一下，假设有一条高速公路也存在这样一个蜷缩起来的维度，在这条公路上行驶是一种怎样的体验？会出现哪些有意思的现象？

12

# 四维时空和时空间隔

“

你有没有听过这样一种说法：相对论认为，我们生活的这个世界不是三维的，而是四维的。

”

## 四维时空

四维空间比三维空间要厉害得多，如果我们进入四维空间，就能施展隔空取物、触摸内脏这样的超能力。但问题是，好像从来没听说过谁真的有超能力，也没人见过四维空间来的“外星使者”。那我们生活的这个世界，真的是四维的吗？

其实，这是一种常见的误解。狭义相对论的确认为我们的世界是四维的，但并不是四维空间，而是四维时空。在四维空间里面，4个维度都是空间维度，也就是长、宽、高三维，再加上一个较难想象的第四空间维度。而四维时空是长、宽、高三个空间维度，加上时间维度。有空间，也有时间，所以叫作四维时空。

这就很明白了，四维时空其实还是这个平凡的三维空间，隔空取物、触摸内脏还是不可能实现的。那么，物理学家为什么非要把时间和空间凑在一起，提出四维时空这一说法呢？

## 时空距离

时间和空间并不是两个毫不相干的概念，而是同一个物体的两种不同看法。我们都学过“横看成岭侧成峰，远近高低各不同”这句诗，是指如果从不同的角度观察同一座山，将会看到不同的景色。

而时间和空间，也只是不同的景色罢了，时空才是那座山本身。

通常，我们会把空间和时间分隔开来看。假如你从家走路去学校，通常会说走了 1 千米，用了 15 分钟。1 千米描述的是空间距离，15 分钟是所花费的时间，也可以称为时间距离。

在低速世界里，不论谁来看这件事，都会同意你走了 1 千米，用了 15 分钟。把时间和空间分隔开，并没有什么问题。

但在相对论的世界里就不一样了！

假设此时有一个外星人乘坐 0.9 倍光速的飞船从地球旁边经过，看到了你从家走去学校的整个过程。由于相对论的“钟慢尺缩”效应，在外星人看来，你上学的距离就不是 1 千米，而是大约 436 米，你上学的时间变长了，大约是 34 分钟。

如果速度再快点，假如外星人的飞船速度增加到 0.99 倍光速，那在他看来，你上学的距离只有 141 米，而上学的时间变成了 106 分钟！

只要速度接近光速，时间和空间就变得没那么确定了，而是会随着速度的变化而变化。不仅如此，前文还讲过，“同时”也是“相对的”，在你看来同时发生的事，换个人的视角就会改变发生的顺序。

所以，很多人在理解了相对论的这些效应之后，不但没有觉得神奇，反而觉得很头疼：本来是确定的空间和时间，在相对论里却不停地变化，这岂不是把简单的世界搞复杂了？

其实，原因不在于相对论把世界搞复杂了，而在于我们把空间和时间分隔开了，是以一种三维空间的视角在看四维时空的问题。如果用山来比喻，我们在不同速度下看到的钟慢尺缩效应，其实只是“远

近高低各不同”的视角，并不是那座山本身。

时空才是那座不变的“山”。可是时空又是什么呢?

我们定义一个空间，会使用空间距离，定义一段时间，会使用时间距离。那定义时空的话，就需要一个时空距离。在相对论的四维时空里，虽然“空间距离”和“时间距离”都会随着速度而发生改变，但是它们的综合体“时空距离”却不会改变。

那时空距离是什么呢?

如果把一根棍子斜靠在墙上，然后开灯照亮它，我们会发现棍子的影子有一部分落在墙上，还有一部分落在地板上。

时空距离这个概念就是说：如果我们用落在墙上的影子长度代表时间距离，用落在地板上的影子长度代表空间距离，那么，棍子的长度就代表了时空距离。学过勾股定理的同学应该知道，棍子和两边的

影子组成了一个直角三角形，而棍子就是其中的斜边。

如果用你从家去学校上学的例子，那么在静止的观察者看来，棍子落在地面上的影子代表的空间距离，也就是从家到学校的 1 千米路程；棍子落在墙上的影子代表的时间距离，也就是你上学花费的 15 分钟。

现在，我们切换成外星人的视角。当外星人乘坐的飞船改变速度，就相当于这根棍子在墙上上下滑动，导致落在时间维度和空间维度上的影子长度发生了变化。

如果我们用红色的棍子代表外星人在 0.9 倍光速飞船上看到的世界，蓝色的棍子代表外星人在 0.99 倍光速飞船上看到的世界，那么在空间维度上，红色棍子的影子比蓝色棍子的影子更长，速度更大的飞船上的外星人看到的空间距离更短了，这反映的是速度越大，尺

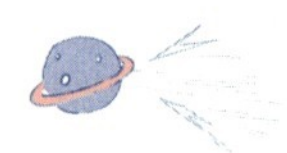

缩效应越明显。相反，在时间维度上，蓝色棍子的影子比红色棍子的影子更长，速度更大的飞船上的外星人看到的时间距离更长了，这反映的是速度越大，钟慢效应越明显。

影子的长度变化完美地解释了钟慢尺缩效应。随着飞船速度越来越接近光速，外星人看到的世界其实就相当于棍子越来越往上滑。不过，无论棍子怎么滑，影子怎么变，棍子的长度都不会发生变化。这就是说，分裂的时间和空间只不过是影子一般的幻觉，是“远近高低各不同”的视角，而棍子代表的时空，才是那座山本身。

最早提出四维时空概念，并且解释了“时空距离”不变性的科学家名叫赫尔曼·闵可夫斯基，他曾经是爱因斯坦的老师。1907 年，当闵可夫斯基提出了四维时空的概念之后，写下了这样一段激动人心的话语：**“从此以后，孤立的空间和孤立的时间都会消失，变为幻影，只有二者的结合才能保证真实的存在。”**

如果用一句话来概括狭义相对论，那就是这句话了。

**傅博士物理小知识**

钟慢尺缩效应即当一个物体的运动速度接近光速的时候，物体周围的时间会迅速减慢，空间会迅速缩小。当物体运动速度等于光速时，时间就会停止，空间就会微缩为点。

为了方便理解，这里关于时空间隔的解释是比较粗糙的，关于时空间隔的定量描述可以参考其他关于相对论的参考书。

## 寻找不变量

**寻找不变量是物理学家们在解决各种问题时的一个关键思路**，可是要找到不变量，并不是一件容易的事情。回想一下我们曾经玩过的“手影”游戏：只要有灯光，我们就可以通过手势的变化，在墙面上制造出形似兔子、狗、老鹰等动物的影子。在灯光的投影中，三维空间中的手势显示在了二维平面中。

假如有一个人只能看到二维平面中的影子，那他会觉得“手影”太神奇了，一只兔子突然变成一只狗，又突然变成一只老鹰。想象一下，假如你只能看到墙上的影子，你会用怎样的理论来描述“兔子变成狗，又变成老鹰”这种现象呢？或许你会说，动物的形态是“相对的”，可以发生各种变化——如果你这样想，那你就是“爱因斯坦”，你也提出了“相对论”！但是我们在三维空间里看，这一切都毫无神秘感。在不断变化的手影中，有一个“不变量”——那就是我们的双手，不论墙上的影子如何变化，我们的双手始终不变，一切不过是手势的变换。

综合前面学习知识，现在我们用一个“不变量”就把它们通通连起来了。其实，不光在狭义相对论里，在物理学的任何一个领域，寻找“不变量”都是核心内容。比如，在化学反应中，物质的总量是不变的；在各种物理过程中，能量也是守恒不变的，这都是自然科学中最基础的定律。只要找到了不变量，就能开辟一个科学领域。

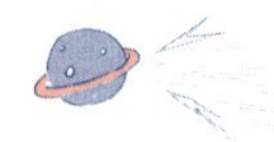

物理学家研究世界，并不是想把世界的理论搞得越来越复杂，变化越来越多，而是想在千变万化中找到不变。四维时空，就是在复杂的相对论世界里，找到的不变。

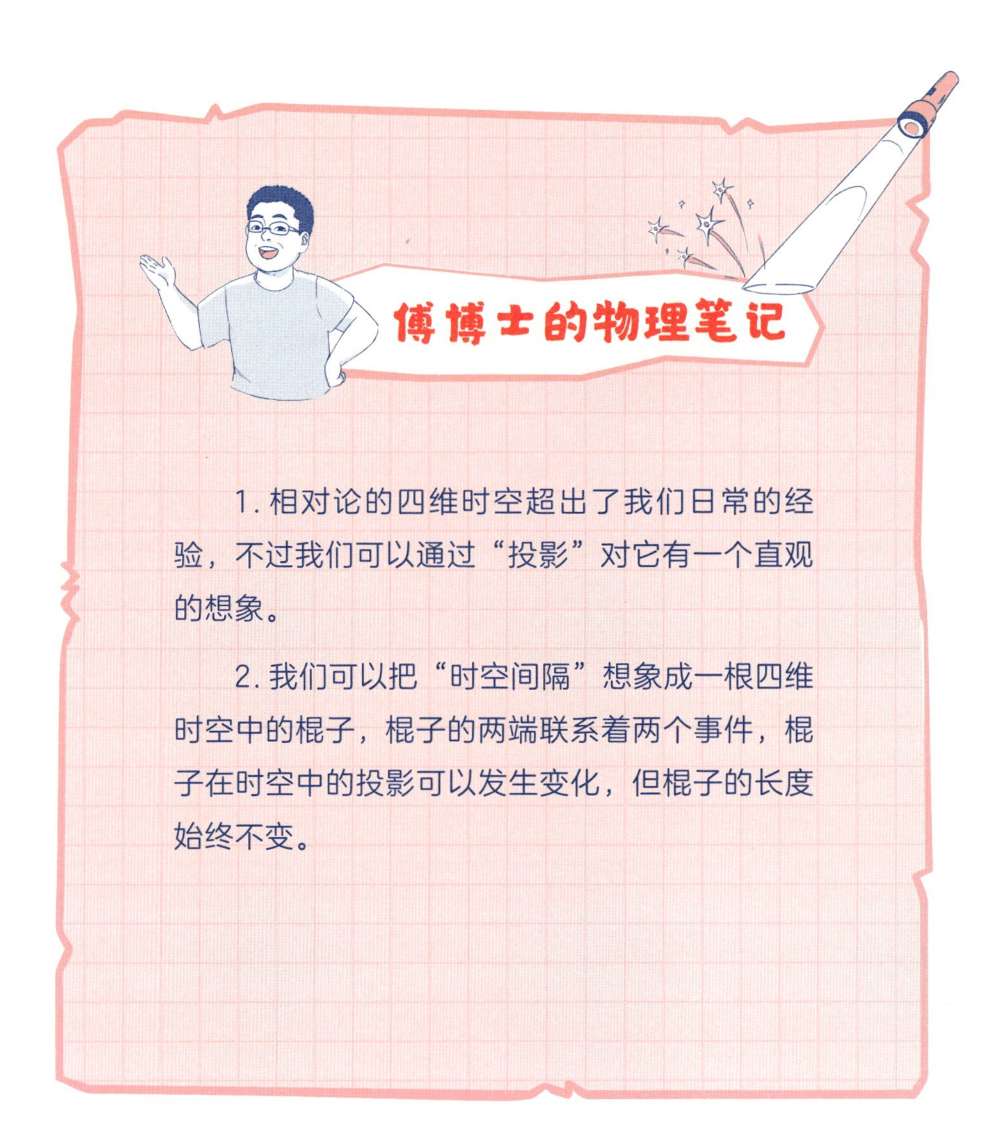


1. 相对论的四维时空超出了我们日常的经验，不过我们可以通过“投影”对它有一个直观的想象。

2. 我们可以把“时空间隔”想象成一根四维时空中的棍子，棍子的两端联系着两个事件，棍子在时空中的投影可以发生变化，但棍子的长度始终不变。

扫一扫，听听傅博士怎么说

请想想看，你在平时的学习和生活中，还遇到过哪些不变量或者近似成立的不变量？

13

# 狭义相对论的实验验证

“

相对论是世界著名的理论，但是，也是争议很大的理论。

”

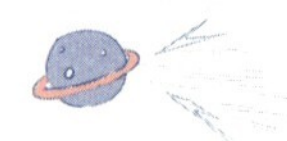

从爱因斯坦提出相对论到今天，已经过去 100 多年了，还有数不清的人认为，相对论是错误的！每一天，全国各地的大学和物理学研究所都能收到很多“民间科学家”的来信，这些信里很多是在批评相对论的。

难道相对论真的有错吗？其实在物理学家内部，没有一点争议，大家都相信相对论是对的。但是在民间，可能是因为相对论太神奇了，他们实在接受不了，就反过来质疑相对论。

不过说到底，物理学是一门实验学科，实践才是检验真理的唯一标准。这一节，我们就介绍几个实验，来给相对论做个“裁决”，看看它究竟是对还是错。

## 时间膨胀的验证

第一个实验是 μ 子（缪子，缪读作 miù）寿命的观测实验。μ 子是一种与电子类似的微观粒子，科学家们可以在实验室中制造出 μ 子，宇宙里也会自然生成 μ 子。在我们地球的大气层外层，大约距离地面几十到上百千米的高度，当宇宙射线（来自外太空的带电高能次原子粒子）射向地球时，会在这个高度附近与空气中的原子发生对撞，产生出包含 μ 子在内的各种新粒子。

科学家们发现，实验室所产生的静止的 μ 子，它的“寿命”平均只有 2.2 微秒。这是多么短的时间呢？1 微秒等于百万分之一秒，

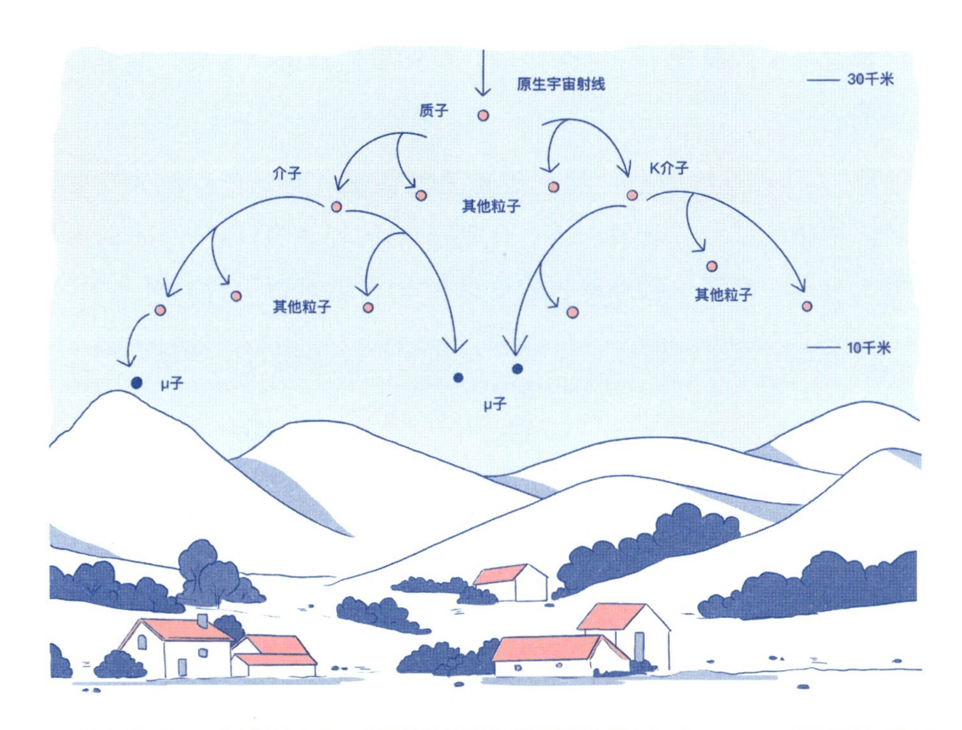


2.2 微秒差不多是你眨一下眼睛所花时间的万分之一。一旦超过这个时间，有一半的 μ 子就会“变质”，变成其他的小粒子。

计算一下，用 2.2 微秒乘以宇宙的最大速度——光速，得到的结果还不到 1 千米。也就是说，μ 子在几十千米的高空形成之后，就算它以光速飞行，在飞了 1 千米后，也只剩下一半了，再飞 1 千米又少一半。这样算下来，从高空飞到地面，浩浩荡荡的 μ 子大军恐怕 1 个都不剩了。

可是，科学家们却发现，来到地面的 μ 子并不少，如果我们伸出手掌，平均一秒钟就会有一个 μ 子穿过。那为什么在地面上会有这么多的 μ 子呢?

科学家们思来想去，可能性只有一个，那就是 μ 子经历的时间比我们人类经历的时间慢。也就是说，μ 子的时间被拉长了。我们

已经学过其中的原理——钟慢效应，可知要达到这个效果，需要很高的速度。

那 μ 子的速度有多快呢？是光速的 0.994 倍，几乎和光速差不多了。用相应的公式计算一下，0.994 倍的光速意味着 μ 子的寿命会增长 9 倍，有了这额外延长的寿命，μ 子就可以飞到地面上了。

这个实验说明钟慢效应是真实存在的，这是相对论的第一个实验证明。

接下来，我们来打破一个常见的误解。很多人认为，钟慢效应就意味着长生不老。有句古话说“天上一日，地下一年”，神仙住在天上一天，地球上就度过了一年。这是否意味着，神仙在天上以接近光速的速度飞行，是因为钟慢效应获得了长寿呢？

比如我们在地球上能活到 100 岁，如果我们也和 μ 子一样以 0.994 倍光速飞行，我们的寿命是不是也会增长 9 倍，活到 900 多岁呢？

答案是不会。在地球上的人看来，我们的确是在宇宙里飞了 900 多年，只不过在他们的视角中，我们这一辈子都在做慢动作，是正常人类的九分之一那么慢。

而在我们看来，因为运动是相对的，所以我们觉得自己是静止状态，外界发生了变化。我们会觉得自己的时间在正常流逝，而外界的距离缩短了 9 倍，所以飞得特别快。同样，在 μ 子看来，自己的寿命并没有发生变化，而是外界的距离缩短了 9 倍，这样它才能在自己短促的一生中，从高空飞到地面。至于神仙，如果他们真的存在，那他们的长生不老与速度并没有关系，是货真价实地活到几千、几万岁。

总之，钟慢效应与长生不老毫无关系。

# 原子钟实验

学习完钟慢效应的实验证明，你可能会有疑问：μ 子的寿命是我们通过实验反推出来的，这里面可能还会受到其他因素的影响，也许不太准。能不能直接拿一个钟表来做实验，看看真正的钟表会不会变慢呢?

还真有科学家这么做了。因为普通的钟表精确度太低，所以科学家使用了一种特别精确的钟表——原子钟。原子钟经过 2000 万年才会有 1 秒的误差，我们的手机、电脑上显示的时间，都是原子钟给出的。

1971 年，科学家把四台原子钟放在飞机里，地面上留一台作为标准钟，随后让飞机在赤道附近环球飞行一圈，一次往西一次往东，每次飞行的时间大约是三天，最后观察飞机上的原子钟和地面原子钟的时间差异。

由于地球自转的方向为自西向东，根据相对论的预测，自西向东飞的原子钟时间应该比地面上的原子钟时间慢，而自东向西飞的原子钟时间比地面上的原子钟时间快。

只不过，因为飞机的速度和光速相差太远，所以飞机上的时钟与地面上的时钟只有极其微小的差异。那么，原子钟能捕捉到这点差异吗?

飞机落地后，实验结果出来了！飞机自西向东绕地球飞行一圈

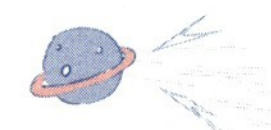

之后，飞机上原子钟的时间比地面慢了 59 纳秒左右；而自东向西飞行时，飞机上原子钟的时间比地面时间快了 273 纳秒左右。这里的“1 纳秒”非常小，比前文里的微秒还小，1000 纳秒才等于 1 微秒。不过，原子钟还是成功捕捉到了这点差异，实验成功了！

原子钟实验的结果再次证明了爱因斯坦相对论的正确性，时间膨胀的效应的确存在，而且时间的这种变化是可以精确测量的。

这也告诉我们，当你乘坐飞机向东或向西飞行时，你的时间与地面上的时间也发生了微小的变化。不过我们不是原子钟，这点儿微小的变化是感觉不出来的。如果你想要相对于地面上的亲朋好友快一秒钟的时间，那得向西绕地球飞行 370 万圈，这也太难实现了。

读到这里，你已经了解了爱因斯坦狭义相对论为我们描绘的全新时空观。

1. μ 子寿命的延长可以作为相对论时间膨胀效应的实验证据。

2. 原子钟实验的结果再次证明了爱因斯坦相对论的正确性。

1967 年，有另一组物理学家对 μ 子的寿命做了更精确的实验，他们比较了在一座大约 2000 米高的山上和地面的实验室中检测到的 μ 子数，结果发现，在山顶的实验室中，每小时可以检测到 563 个 μ 子，而在地面实验室的相同设备中，每小时可以检测到 412 个 μ 子，这个结果符合相对论的预言，因为山顶到地面之间有大约 2000 米的距离，μ 子走完这个距离要花费 6.7 微秒，这 6.7 微秒大约是 μ 子的平均寿命（2.2 微秒）的 3 倍。

请你想想看，如果没有相对论效应，每隔 2.2 微秒，μ 子衰减一半，山底收集到的 μ 子数和山顶上收集到的 μ 子数大约是几比几？实验证明，地面和山顶检测到的 μ 子数目没有相差太多，二者之比大约是 1:1.3。思考一下，为什么说这个实验同样能证明 μ 子的寿命延长了？

14

# 世界著名公式：$E=mc^2$

从狭义相对论出发，不仅可以推导出钟慢、尺缩这些神奇的物理效应，还能推导出世界著名的公式：$E=mc^2$。

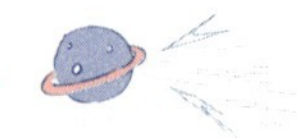

# $E=mc^2$ 的字母含义

你是否在各种书里、网络图片里，甚至很多衣服上看到过 $E=mc^2$ 这个公式，因为它不仅有名，作用也很大，它既可以解释太阳的光和热究竟从何而来，也为原子弹、氢弹、核电站的设计奠定了基础。

那么，$E=mc^2$ 到底是什么意思？这个公式又能为我们带来哪些物理现象呢？

公式 $E=mc^2$ 里的 $E$ 代表“能量”，$m$ 代表“质量”，而 $c$ 代表“光速”，$c^2$ 则代表“光速乘以光速”。整个公式用中文来表达，就是“能量等于质量乘以光速的平方”。现在你已经知道了这个公式里每个字母所代表的物理概念，说不定你已经超过世界上 80% 的人了，下面我们再来理解它的意义。

先说“质量”。平时说起质量这个词，我们表达的是一个东西的品质好不好，比如说一个玩具质量好，就是说它既好玩又耐用。而在物理学里，质量的意思是一个物体含有物质的多少。你可以暂时先把“质量”简单理解成“重量”，比如，你站在体重称上显示的重量是 40 千克，那么你的质量就是 40 千克。但是严格来说，在物理学中，“质量”和“重量”是两个不同的概念。

理解了什么是质量，再来讲讲能量。能量是物理学中一个非常重要的概念，但它有些抽象。下面，我们通过两个故事，来理解“能量”究竟是什么。

# 伽利略的斜面实验

第一个故事的主角是伽利略，我们在介绍相对性原理的时候曾经介绍过伽利略设想的游轮实验和斜面实验。那么，伽利略是怎样想到斜面实验的呢？

其实，最开始的时候，伽利略是用两个斜面的组合来做实验的。如图所示，把两个斜面拼在一起，然后把一个小球放在左侧的斜面上让它滚动下来。伽利略发现，当斜面足够光滑时，小球从左侧斜面的某一个高度滚下来，滚到右边后，它总是可以爬升到右侧斜面的同样高度。而且，不论把右侧斜面的坡度变得更平缓还是更陡峭，小球都可以滚动到相同的高度。

从这个例子中，我们看到，小球具有“爬到相同高度”的某种“能力”。伽利略于是想到，如果让右边的斜面越来越平缓，最后完全变成一个平面，小球会如何运动呢？

我们来一起推理一下。这时候，小球仍然具有“爬到相同高度”的“能力”，但是，右边却没有一个斜面让它去爬，这样一来，小球没法爬到那个高度，于是它就只能一直滚动下去，直到在某个遥远的地方找到另一个斜面，爬上去才会停止。换句话说，小球“爬到相同高度”的“能力”变成了一种“运动”的“能力”。

虽然伽利略当时没有正式提出“能量”这个概念，但小球“爬到相同高度的能力”和“运动的能力”其实就是“能量”。小球“运动

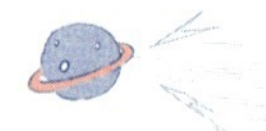

的能力”被称为“动能”，“爬到相同高度的能力”被称为“势能”。动能和势能是两种不同形式的能量，它们之间可以相互转化。

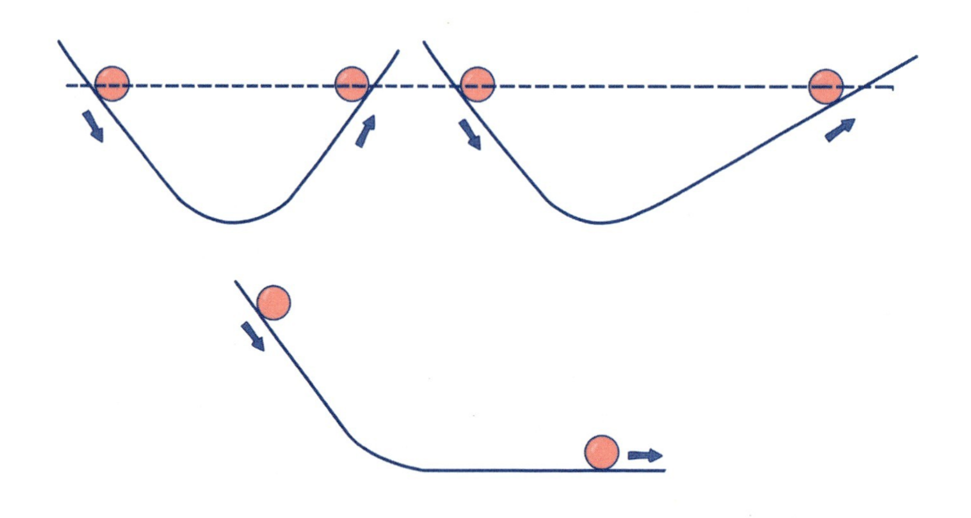

## 焦耳的故事

第二个故事的主角名叫焦耳，他是一位英国商人，也是个物理学家。焦耳大学毕业之后，继承了家里的啤酒厂，当上了厂长。那时候正是 19 世纪，电力驱动的电动机刚刚发明出来，开始逐渐取代过去的蒸汽机。焦耳家的啤酒厂本来用的也是蒸汽机，现在问题来了，要不要升级成电动机呢？

生活在现代的你肯定觉得电动机更好。不过在当时的一个商人眼里，还需要算算账，算算电动机和蒸汽机到底哪个更划算。

如何算这笔账呢？焦耳想到了一个主意。他准备举办一场比赛，让电动机和蒸汽机干同样的活，让它们都去提重物，把同一块大石头提到 1 米的高度，看看蒸汽机烧了多少千克煤，电动机用了多少度电，最终算出两个机器分别花费的钱。

结果，蒸汽机赢了。商人焦耳得出结论，现阶段还是蒸汽机更划算。然后，作为物理学家的焦耳也没有忘记履行自己的职责，他将实验结果写成了论文发表出来，与同行们分享。

我们今天来看这篇论文，会发现焦耳最厉害的一点是，他给不同的机器设置了一个相同的“干活标准”。不论是马拉车、蒸汽机还是电动机，它们的动力来源各不相同，但干的活是一样的，都要把同一块石头提到 1 米的高度。其实，所谓的干活，就是付出能量。所以，焦耳相当于给不同的能量形式找到了一个相同的衡量标准。

为了纪念他的功劳，现在物理学里能量的单位就是“焦耳”。我们把两个鸡蛋从地面捡起来放到桌子上，所花费的能量差不多就是 1 焦耳。

从伽利略和焦耳的故事中，我们看到，能量拥有很多种不同的形式，而且还能在各种形式之间互相转化。大量的实验还表明，能量在转化的过程中总量会保持不变。例如，电动机消耗电能抬高物体，电能虽然被消耗了，但是物体被举高后，它的势能增加了。消耗的电能和增加的势能恰好相等，保持总量不变——这就是著名的“能量守恒定律”。

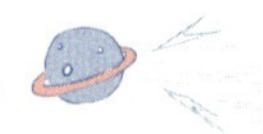

# 小小的物质，大大的能量

说到这里，我们可以回顾 $E=mc^2$ 这个伟大的公式。

$m$、$c$ 都很好理解，分别代表了质量和光速。那么，$E$ 代表的是什么呢？当然是能量，可是能量的种类那么多，有生物能、热能、电能、动能、势能等，这个 $E$ 代表的究竟是哪一种呢？

爱因斯坦认为，这个 $E$ 代表的不是上文里的任何一种，而是一种新的能量形式，叫作“静质能”，也就是“静止物体的质量所转化成的能量”。静质能表明，物体的质量和能量其实是一回事，它们可以相互转化。一个物体只要有质量，就算它不运动，不带电，也没有热量，不附加任何条件，它本身就拥有能量。而且，这个能量还不小。根据 $E=mc^2$ 这个公式，静质能的大小等于物体的质量乘以光速的平方。光速已经是非常大的数值了，光速再乘以光速，那可是一个更大的数字！这说明，任何有质量的物体内部都蕴藏着巨大的能量。因此，$E=mc^2$ 也被称为“质能方程”。

静质能具体有多大呢，举个例子你就明白了。有人做过估算，在 1 克的物质中，它所蕴藏的静质能，相当于燃烧 3 万 6 千吨煤所释放的全部热能。全中国一天耗费的电能大约是 200 亿度，换算成静质能，也就是 800 克物质蕴含的能量，还不到两瓶矿泉水的重量。

试想，这么高的能量，如果能平稳地释放出来，那就可以轻松解决地球上的能源问题；如果突然释放出来，那必然会是非常可怕的武器！$E=mc^2$，果然是了不起的公式！

## 傅博士的物理笔记

1. 能量反映的是物体做功的能力。它可以有各种不同的形式，例如动能、热能（内能）、化学能等。能量可以在不同的形式之间发生转化，并且保持守恒（总量不变）。

2. 任何有质量的物体，都贮存着看不见的“静质能”，它的大小可以用质能方程 $E=mc^2$ 这个公式来计算。

在本节中，我们介绍了质能方程的公式 $E=mc^2$，同时也提到了从物体的质量到它所蕴含的静质能的转换。事实上，能量也可以转化为物体的质量，现在请你反过来思考，如果我们要凭空创造出 1 克的物质，需要消耗大概多少能量呢？

________________________________________

________________________________________

________________________________________

________________________________________

________________________________________

________________________________________

________________________________________

________________________________________

________________________________________

15

# 相对论和原子弹

“

$E=mc^2$ 告诉我们，任何有质量的物体内部都蕴藏着巨大的能量。

”

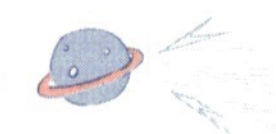

任何有质量的物体都满足 $E=mc^2$，但是为什么我们平时见到的各种物品，始终都是安安静静地待在那里，不会轻易爆炸呢？怎样才能把物质内部蕴含的能量释放出来呢？

## 原子的结构

这个问题，爱因斯坦一开始也不知道。爱因斯坦在刚提出 $E=mc^2$ 时，人类对于物质内部的结构几乎一窍不通，就连原子是否存在都还没搞明白。所以，当时爱因斯坦并不知道这种“静质能”如何才能释放出来，更加预测不到未来世界上会出现原子弹。

关于这个问题，我们需要暂时离开相对论，从物质的结构来寻找答案。

你可能听说过“物质是由原子构成的”这句话。古时候，在人类的众多文明中，就有人提出过这样一种观点，那就是物质是由某种“不可分割的物质微粒”所构成的。

然而，在 19 世纪末 20 世纪初，也就是爱因斯坦提出相对论的同一时期，物理学家通过一系列实验发现，原本被认为“不可分割”的原子也具有内部结构。

每一个原子就像一个小小的太阳系，正中间是原子核，它集中了原子几乎所有的质量。原子核外是一些电子在绕着原子核旋转。如果把整个原子的大小比作操场，那么原子核可能比一粒黄豆还小。

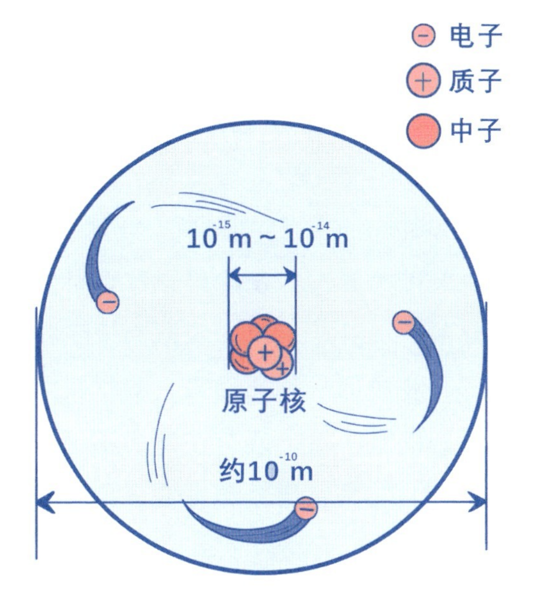


不过，原子核虽然小，它的内部竟然还可以继续分解。科学家发现，原子核内部，还有两种粒子，分别是质子和中子。它们的质量差不多大，不同之处在于质子带正电，中子不带电。科学家在区分不同的原子类型时，就是通过数一个原子核里有几个中子、几个质子。

读到这里，我们先思考一个问题：假如有一个重 235 克的大橘子，如果你把它掰成两半，那么这两半加在一起的重量是多少？还是 235 克，橘子虽然掰开了，却不会凭空消失。

那再思考一下：假如有一个原子核，它里面的质子和中子加起来有 235 单位那么重，如果把这个原子核掰成两半，这两半加起来的质量是多少？还是 235 单位吗？结果，科学家“称”出来的质量比 235 单位要小一点点。也就是说，一个原子核碎裂成两半的过程中，有一部分质量丢失了。这部分质量，就是根据 $E=mc^2$，变成能量释放出来了。

# 核裂变

这件事现在说起来简单，当年的科学家可是经历了好几十年的探索才慢慢揭开谜底的。一开始，科学家以为原子核都是稳定的，不会分裂，也不会从一种变成另一种。后来，科学家才慢慢发现，在自然界中，除了那些稳定的原子核，还存在许多不稳定的原子核，对它们稍加扰动，甚至不扰动，它们自己就会发生分裂，这种现象就叫放射性。

1938 年，德国科学家哈恩等人在实验中发现，如果用中子去轰击重金属元素铀 -235 的原子核，就会把它打破并使其碎裂成两个更轻的原子核，例如碎成钡原子核与氪原子核，除此之外，还会释放 2~3 个自由中子，并且放出很高的能量。这种物理现象被称为核裂变，在核裂变过程中释放的能量可以根据 $E=mc^2$ 计算得到。需要注意的是，在这个过程中，物质的化学成分发生了改变，铀元素变成了钡元素和氪元素，因此也有人说，$E=mc^2$ 是关于“炼金术”的公式，它可以超越化学规则，将一种物质转化为另一种物质。

哈恩所发现的核裂变现象使许多物理学家产生了警惕。试想，如果用一个中子去轰击铀 -235 的原子核，会让铀 -235 裂变成两个更轻的原子核，释放出 2 个中子和能量；被释放出来的 2 个中子又可以继续轰击铀 -235 原子核，然后这个反应继续发生，产生 4 个中子并释放能量……

如此循环的话，每一个步骤产生的中子数量就会翻倍，1 变 2、2 变 4，10 步之后就有 1024 个中子，100 步、1000 步之后，释放出来的中子将会多到数不清，被中子轰击炸裂的原子核也将释放出巨大的能量。这个过程被称为“链式反应”，这就是原子弹工作的原理。

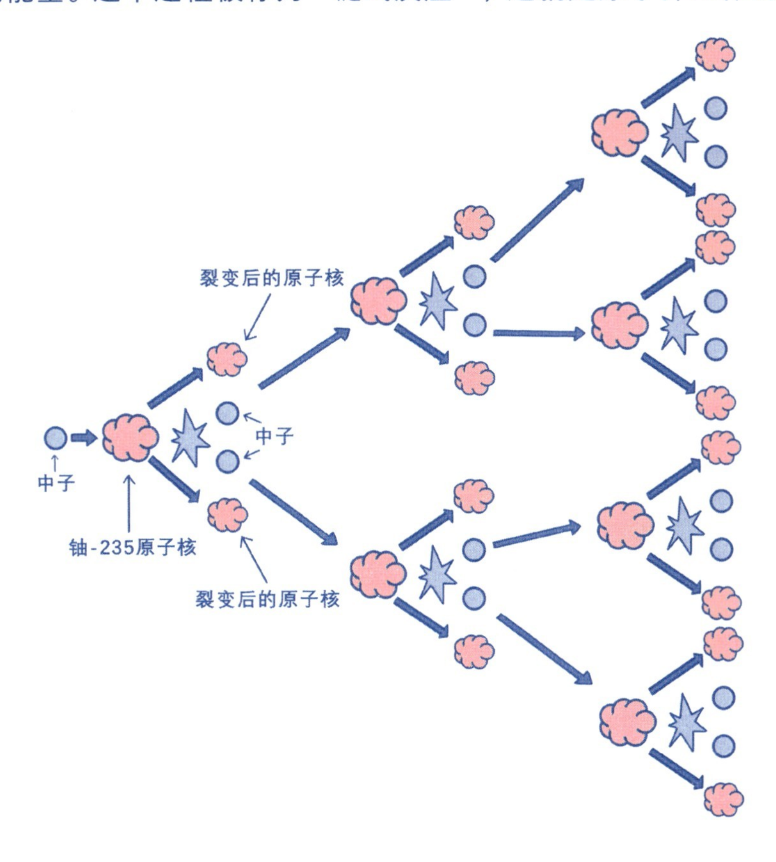


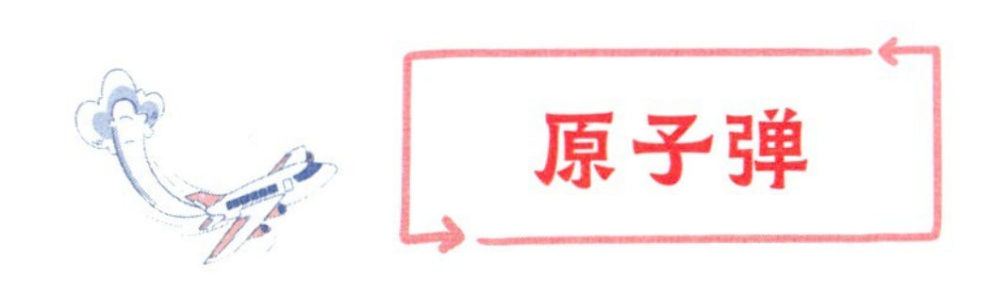


## 原子弹

当时，第二次世界大战就快要爆发了。在战争开始之前，许多犹太科学家离开了德国，前往美国避难，爱因斯坦就是其中之一。

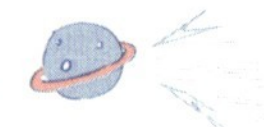

爱因斯坦和另几位物理学家看到链式反应这么厉害，他们心想：如果德国利用链式反应制造出了超级炸弹，可就大事不好了。所以，他们联合起来给美国总统写了一封信，警告美国要尽快研究链式反应，千万不能让德国提前拥有这种可怕的武器。

这封信发出去不到一个月，德国就入侵了波兰，第二次世界大战正式爆发。美国总统想起来爱因斯坦和另外几位物理学家的联合来信，召开会议讨论这件事，最后下定决心开启了原子弹研制计划，也就是“曼哈顿计划”。有几千位科学家和工程师参与到了这个项目中，不过，爱因斯坦本人并没有参与。“曼哈顿计划”的主持者是美国理论物理学家罗伯特·奥本海默，他称得上是“原子弹之父”。

后面的故事在历史课中也会讲到。1945 年，美国在日本的长崎、广岛两个城市分别投下一枚原子弹，造成十几万人死亡，迫使日本投降。在长崎爆炸的原子弹“胖子”的相关史料显示，在核燃料的周围均匀地放置了常规炸药，这些炸药在爆炸的同时起爆，引起内爆。内爆使得核燃料被强烈压缩，密度增加，达到了链式反应发生的临界点，最终引起剧烈的爆炸。

虽然很多人认为爱因斯坦与原子弹的关系很密切，但实际上，爱因斯坦对原子弹的发明只有两个间接的贡献：第一，质能方程说明了原子弹的能量从何而来；第二，爱因斯坦和几位物理学家给美国总统写了一封信，提了一个建议。

除了这两个贡献以外，爱因斯坦本人没有参与原子弹的实际研发过程，他也不愿意参与这件事，因为爱因斯坦是个和平主义者，他事后得知德国并没有研究成功原子弹的时候还特别后悔，觉得自己不该写那封信，让地球上多了一种危险的武器。

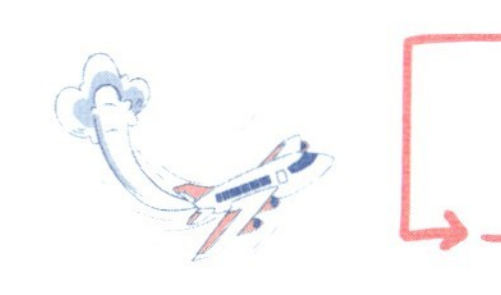

## 核能

原子弹既然已经打开了核能的大门，这扇门就不会轻易关闭。第二次世界大战之后，科学家们继续研究，发现原子核除了分裂以外，两个原子核合并成一个也能把质量转化成能量，这就是核聚变。使用核聚变原理造出来的武器就是氢弹，它比原子弹还厉害；而太阳能够持续燃烧几十亿年，利用的也是核聚变的原理。

万幸的是，我们人类在使用了两枚原子弹之后，没有再在战场上使用核武器，而是在努力研究和平利用核能。核电站就是利用核裂变的原理建立起来的，目前世界上已经建设了很多核电站。在控制良好且周边紧急应对系统完善的情况下，核电站是相当安全的设施，然而在人类历史上，核能的应用曾经出现过一些严重的事故，包括苏联的切尔诺贝利核电站事故和日本福岛核电站事故等。不过，这些事故并没有阻挡核能应用的发展，这是因为核能有许多无可替代的优点。一方面，核能是一种极其高效的能源，另一方面，与传统的化石能源发电（如燃煤、燃气发电）相比，核电站不会向大气中排放二氧化碳等温室气体，因此属于清洁能源。目前，世界上很多国家都在积极开展核电规划。

与核裂变的“链式反应”类似，核聚变也有一种不受控制的版本，利用这种不受控制的核聚变，可以做成一种可怕的武器——氢弹。我们很自然地会想到，是否有可能像核电站一样，实现可控的核聚变？这是一个非常美好的愿望，如果我们人类实现了可控的核聚变，那就

相当于设计出了可控的“人造太阳”。

在许多科幻作品中，人们设想了各种可控核聚变装置，其中具有代表性的就是美国漫威漫画公司的超级英雄钢铁侠了。在钢铁侠的胸前，有一个小型核聚变装置，叫作“方舟反应堆”，根据电影《钢铁侠》中的设定，该装置每秒钟能输出高达30亿焦耳的能量，这么高的能量输出功率，相当于四分之一个三峡水电站。

科学家们估计，如果将从海洋中收集来的能够发生核聚变的氢原子全部用于聚变发电，释放的能量足够人类使用几百亿年。这样一来，人类不但解决了当下的能源问题、气候问题、污染问题，而且也彻底解决了未来的人类在星际移民时所需要的能源，人类的文明也将会达到一个全新的阶段。不过，因为核聚变反应发生的条件实在太苛刻了，在目前的许多实验中，人工核聚变反应只能持续很短的时间。或许在未来，你能成为一个出色的工程师或者科学家，帮助人类突破可控核聚变的技术难题，带领人类走向前所未有的文明高度。

1. 原子弹和氢弹分别是利用核裂变与核聚变原理制成的，它们都能释放出巨大的能量。

2. 核裂变与核聚变所释放的能量都符合相对论 $E=mc^2$ 的预言。

3. 核电站是人类和平利用核能的主要手段。核能是一种极其高效的能源，它不会向大气中排放二氧化碳等温室气体，因此属于清洁能源。

如何让核聚变所释放的能量成为一种可靠的能源，人类还有许多重要的技术壁垒需要突破。请你搜一搜有关“可控核聚变”的新闻，了解中国和世界上其他国家在这一领域的最新研究进展。

16

# 反物质

仔细想想，你在哪些地方看到或听到过“反物质”这个词呢？

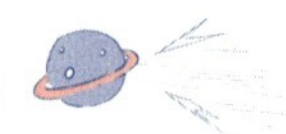

# 反物质能源

在很多科幻作品中，都存在一种神奇的物质叫作“反物质”。例如，在科幻系列影视《星际迷航》里，宇宙飞船能在宇宙中自由地穿梭，依靠的就是反物质动力引擎。而在小说《三体》里，三体人的舰队为了侵略地球，也使用了反物质作为动力，将飞船速度提高到了 0.1 倍光速。

那么，反物质到底是什么呢？为什么大家都想用它来作为动力呢？

要回答这些问题，我们需要回到质能方程 $E=mc^2$ 上。通过原子核的裂变和聚变放出能量的原理，是在裂变和聚变的过程中，会有一定量的“质量亏损”，这一部分亏损的质量可以转化为能量。

可是，在反应中真正亏损的质量仍然是非常少的，例如，在氢核聚变的反应里，只有大约 0.75% 的质量会亏损掉。虽然这已经能够释放出非常高的能量了，可如果我们能够更大限度地利用隐藏在物质当中的能量，那就更棒了！

于是，“反物质”进入了物理学家们的视野。“反物质”是我们现实生活中物质的一种相反的版本。就像每一个“正数”都有一个和它对应的“负数”一样，正 3 加上负 3，恰好完全抵消，等于 0。类似于此，当正反物质相遇的时候，它们也会互相抵消。

只不过，正反物质相加不是等于 0，而是把两者的质量完全抵消，变成能量。例如，假设你有 1 千克的正物质，还有 1 千克的反物质，让它们接触以后，就会发生一场大爆炸，2 千克的物质完全消失，全部按照 $E=mc^2$ 的公式变成了能量。**这个过程在物理学里叫作“湮灭”，这也是科学理论中所能达到的最高能量转化效率。**

在我们这个充满正物质的世界里，如果简单粗暴地扔出去一团反物质，那就是最危险的炸弹。但如果能够小心利用，缓慢地让反物质与正物质湮灭，一点一点把能量释放出来，那就是效率最高的飞船推进器了。我们来算一笔账，1 千克反物质释放出来的能量就相当于 200 千克的核聚变燃料，又相当于几千万吨的常规化学燃料，利用反物质提供能量可以让飞船减少很多燃料的重量，为飞船减轻负担。

## 反物质

反物质有这么多好处，那世界上真的存在反物质吗?

真的存在。早在差不多 100 年前相对论提出后不久，英国物理学家狄拉克就预言了反物质的存在。狄拉克将爱因斯坦的狭义相对论和描述微观世界的量子力学结合起来，提出了一套全新的物理理论。根据这套理论，狄拉克预言：对于每一种通常的物质粒子，都存在着一种“反粒子”，正反粒子质量相同，但所携带的电荷相反。

上一节提到了物质内部的质子、中子、电子等粒子，那么相应的，也就存在反质子、反中子、反电子。狄拉克又预言，这些反粒子会组

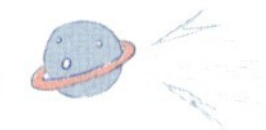

成反原子，反原子可以构成反分子，进一步形成反物质。

没过多久，狄拉克的理论就得到了实验的证实。物理学家们发现，来自遥远太空的宇宙射线中有一种粒子，它的一切特征都和电子一样，只不过带有的电荷恰恰相反，这就是“反电子”，也是人类发现的第一种反物质。

正是因为宇宙里存在很少量的反物质粒子，所以《三体》小说中的战舰在飞船前方张开一个大漏斗，边飞行边收集反物质充当燃料。这样一来，战舰出发的时候就不用携带燃料库了。

除了宇宙射线，我们身边的原子核在发生变化的时候，也有可能生成天然的反物质。例如，香蕉里含有大量的放射性钾元素，它们一天就可以释放出 20 个反电子。除香蕉外，我们人类内也含有微量的放射性元素，所以人体每天也能释放出十几个反物质粒子。只不过，这个数量实在太少了，所以它们的湮灭不会对我们的身体造成任何危害。

后来，科学家们还想到，根据 $E=mc^2$，质量可以转化为能量，能量当然也可以转化为质量。所以，理论上来说，只要提供足够大的能量，在实验室中应该也可以制造出反物质来。

这个预言也实现了，科学家已经利用粒子加速器制造出了反电子和反质子，还让它们结合起来形成了反氢原子。这就完全验证了狄拉克关于反物质的理论。

不过，想要制造出来一大块反物质，对于目前的人类来说还是不可能完成的任务。第一，粒子加速器制造反物质特别慢，耗费的能量也特别高。有人计算过，用目前世界上性能最高的粒子加速器，要花费足足 40 亿年才能制造出 1 克反物质，这个速度太慢了。第二，反物质很危险，需要用极高的真空和强大的磁场让它们悬浮起来，不能和正物质有一点点接触，否则会发生大爆炸伤及我们自身。这种技术，目前的人类恐怕也很难做到。

所以，反物质炸弹和动力技术，目前还只能存在于科幻小说里。

## 反物质的来源

但是我们也不要太失望，反物质难以制造对人类还是有好处的。试想，如果很容易就能产生反物质的话，世界上的各种普通（正）物质就会马上和这些反物质相互湮灭，那么世界上的一切也就不会存在了。幸好反物质这么稀少，我们才能安全地生活。

其实，不仅地球上的反物质非常稀少，在我们所观测的宇宙范围内，还没有发现过哪个星球是完全由反物质构成的。这听起来似乎是一个坏消息，我们可能无法找到低成本的反物质来源了。不过换个角度来看，这也是一个好消息。

物理学家李政道曾经提出过一个有意思的问题：如果一位外星人来到地球，我们可以和他握手吗？假如在一个充满反物质的宇宙里，你可千万别伸手。因为这个外星人很可能来自一个反物质星球，它本身就是由反物质构成的，你俩一旦握手就会发生大爆炸了！而在我们这个反物质非常稀少的宇宙里，就不必担心了。所以如果哪天你真的看到外星人来了，态度还特别友好，那就放心地和他握握手吧。

那么，为什么人类很难在宇宙里找到反物质呢？其实根据现代宇

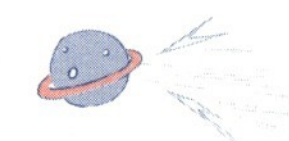

宙学理论，在宇宙诞生的初期，应该会产生出相同数量的物质与反物质。直到今天，为什么我们只看到了正物质，反物质却不见踪影，这个问题就是大名鼎鼎的“反物质之谜”了。

对于“反物质之谜”，物理学家有两种不同的解释：有的物理学家认为，宇宙中的正反物质会因为它们的性质不同，最终反物质逐渐消失，只剩下正物质。另外一些物理学家则认为，正反物质很有可能位于宇宙中的不同区域，或许在宇宙遥远的深处，仍然有大范围的反物质存在。

遗憾的是，目前这两种理论都还没有得到足够的实验证实。不过，随着物理学的发展，相信人类总有一天可以解开反物质之谜，或许到那时，对反物质的利用也变得可行了。

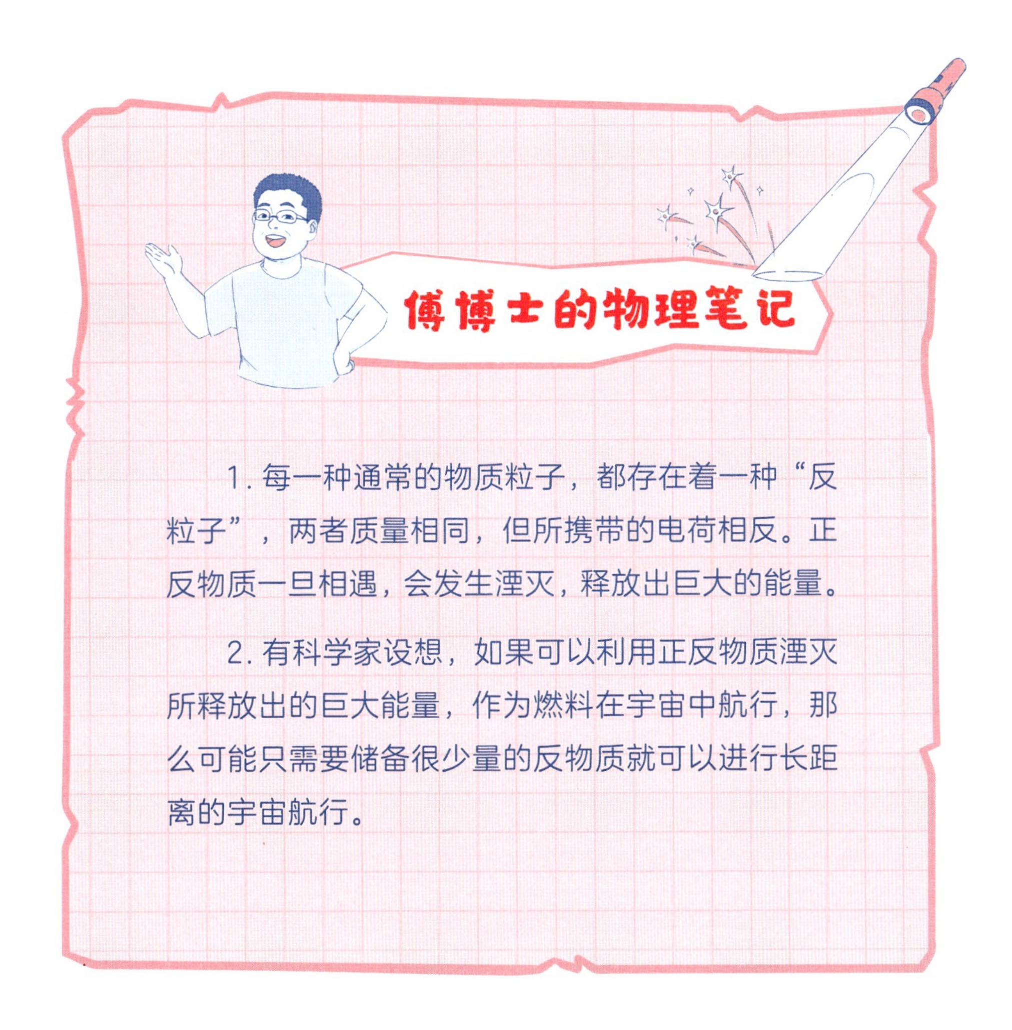


1. 每一种通常的物质粒子，都存在着一种“反粒子”，两者质量相同，但所携带的电荷相反。正反物质一旦相遇，会发生湮灭，释放出巨大的能量。

2. 有科学家设想，如果可以利用正反物质湮灭所释放出的巨大能量，作为燃料在宇宙中航行，那么可能只需要储备很少量的反物质就可以进行长距离的宇宙航行。

随着人类科学技术的演变与发展，人类的能源利用形式也在不断发生变化。从最初的钻木取火，到利用化石能源，再到核电站、可控核聚变，甚至是反物质能源，不同的能源类型也代表着人类文明的不断上升。沿着这个思路，苏联天文学家卡尔达肖夫想到，可以按照所能利用的能源的总量，对宇宙中的文明进行分级：

第 1 等级文明，是可以控制和利用整个行星能量的文明，人类现在大致处在这个文明级别。

如果继续提升，那么就有可能达到第 2 等级，这个等级的文明不仅可以利用所在行星的全部能源，还可以完全利用甚至控制附近恒星的能量，到那时，人类将可以直接控制太阳，直接用太阳的能量驱动机器。

如果继续提升文明的等级，达到能够控制整个银河系能量的第 3 等级文明，到那时，人类不仅可以将银河系中的所有恒星的能量作为自己可利用的能源，还可以像关闭电灯那样，关掉某一个恒星。

如果有比人类更高等级文明的外星人来到地球，你最想问他什么问题？你觉得这些外星人可以和地球人和平相处吗？

17

# 一根针达到光速会有多厉害？

一根针很轻很小，我们能让它的速度达到光速吗？

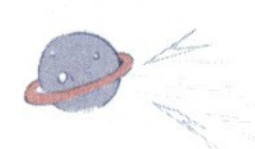

说到地球上厉害的武器，你能想到什么？你可能会说是氢弹。地球上爆炸过的厉害的氢弹名叫“沙皇炸弹”，它将方圆 55 千米内的所有建筑都摧毁掉了，相当于 2000 多枚美国投放到日本的原子弹的威力。不过，在科幻小说家眼里，氢弹还只是小儿科。有一种武器，它不会爆炸，也没有什么高深的原理，完全凭借自己的速度就能比氢弹还厉害，它就是一根达到光速的针。

当然，实际上光速是到达不了的，所以严格说来是一根无限逼近光速的针。它有多厉害呢？

有人计算过，如果这根针的速度达到 0.99 倍光速，那么它携带的能量就相当于 2 颗美国投放到日本的原子弹。如果速度达到 0.99999999 倍光速，也就是小数点后 8 个 9 的光速，这根针就和氢弹“沙皇炸弹”一样厉害。再大一点，如果它的速度达到小数点后 40 个 9 的光速，这根针就能完全把地球炸成碎石头了。

小小的一根针，为什么能变得这么厉害？

# 从“光子”说起

我们从公式 $E=mc^2$ 的推导过程说起。

请暂且把光速之针放下，我们一起来到一切故事的开端1905年，也就是爱因斯坦提出相对论的那一年。

麦克斯韦通过他的方程组推导出了一种以光速传播的电磁波，随后麦克斯韦推断，光的本质就是一种电磁波。麦克斯韦关于光的理论也被称为“波动说”。

可是，随着研究的深入，科学家发现光的波动说似乎出现了问题。有物理学家发现了“光电效应”，当光线照射到金属表面上时，会把电子从金属表面发射出来，产生电火花。这就像你向湖里扔小石子，有时候会把水花打出来一样。

不过，科学家随后发现，随着增大照射光的强度，金属表面发射出来的电子的能量保持不变。这个现象太反常了，相当于不论你向湖里扔多大的石块，永远只能激起同样大的小水花。这不对劲，难道麦克斯韦错了吗?

1905年，面对这个问题的爱因斯坦想到，有没有这样一种可能：光是由“光子”组成的，就好像一个巨大的石块，其实里面是由一个个大小完全相同的小石子组成的。我们把整个大石块扔进水里，相当于向水里不断投入一个一个的小石子，所以水面只能一直激起小水花。这种看法实际上把一束光看成是由许许多多“粒子”所组成的特殊物质，爱因斯坦将它命名为“光子”。

把“光”看作是一个一个的光子的理论也被称为“量子论”，所以爱因斯坦也是量子论的奠基人之一。从如今的物理学角度来看，量子论与麦克斯韦的波动说并不矛盾。光既是一种粒子，也是一种波。甚至世界上的任何物质粒子，都可以被看成是波，而反过来，所有的波都可以看成是一种物质，这套理论后来发展成了“量子力学”。

1905年，爱因斯坦将他的光子理论以论文的形式发表出来，解释了光电效应。后来在1921年，爱因斯坦甚至因为这篇论文获得了诺贝尔物理学奖。爱因斯坦著名的理论的确是相对论，但他却并不是因为相对论获得诺贝尔奖的。当时，诺贝尔奖委员会里有几位非常保守的科学家，他们认为相对论还没有得到充分的实验证实，不能当真，当然就不适合给爱因斯坦颁发诺贝尔奖。

但当时，爱因斯坦的威望比诺贝尔奖还高，所以委员会最后仍然颁发给爱因斯坦诺贝尔奖，但颁奖的理由不涉及相对论，只声明是因为光电效应方面做出的贡献。于是，爱因斯坦就这么获奖了。

## $E=mc^2$ 公式的推导思路

我们再回到“光子”。爱因斯坦提出，光是由“光子”这样一种粒子所构成的。既然光子是一种粒子，那么它应当具有那些与我们所熟悉的各种物质粒子类似的性质。果然如此吗?

比如，在下暴雨的时候，我们会觉得雨点落在身上有点痛，这是因为我们的身体受到了雨滴的冲击。既然光子也是一种粒子，那么当光线照射在我们身上的时候，我们的身体是否也会受到冲击力呢?

的确如此。只不过单个光子所产生的冲击力极其微小，在地球上，太阳光照射在你身上产生的总推力还不及一只蚂蚁的重量。可是，再小的力量也不能忽略，科学家们想到，如果能制造出一个质量非常轻，但面积非常大的“太阳帆”，在太阳光子的冲击力下，它很有可能在宇宙空间中不断朝着远离太阳的方向飞行。

而且，光子不仅有冲击力，还有反冲力。试想，火箭发射的时候，依靠排出的大量气体产生反冲力来获得加速。如果我们拿着一个手电筒，打开之后，我们也会受到光束的反冲力。爱因斯坦就是根据光子的反冲力推导出了 $E=mc^2$ 这个公式。

# 运动物体的动质量

不过，$E=mc^2$ 这个公式现在还有点问题。前文提到，光子是有能量的，所以根据 $E=mc^2$ 这个公式，能量除以光速的平方，应该等于光子的质量才对。可光子真的有质量吗？

前文提到，$E=mc^2$ 里的 $m$ 指的是静止物体的质量。可光子无论相对哪个参照物来说，都在以光速运动，它根本就静止不下来，当然就没有静止质量这回事。

实际上，光子的静止质量就是 0。而用光子的能量除以光速的平方，得出的那个光子质量，科学家给它起了个名字，叫动质量，也就是运动物体的质量。

把“动质量”这个概念推广到光子以外的其他物质，可以得到一些神奇的结论。例如，在相对论中，物体运动的速度上限是光速，那么随着物体运动速度越来越接近光速，让物体继续加速就会变得越来越困难，因为无论如何都无法突破光速。这种加速变困难的现象，其实就相当于物体的动质量变得越来越大。如图所示，图中的红线说明，一个物体的动质量在接近光速的时候会无限增大。

现在我们可以回答本节最开始提出的问题了。你别看一根针那么小，但是当它无限逼近光速的时候，动质量就会越来越大，一开始相当于小行星，然后相当于一个太阳，甚至整个宇宙那么重，如果让它撞上地球，那地球会被撞个粉碎。

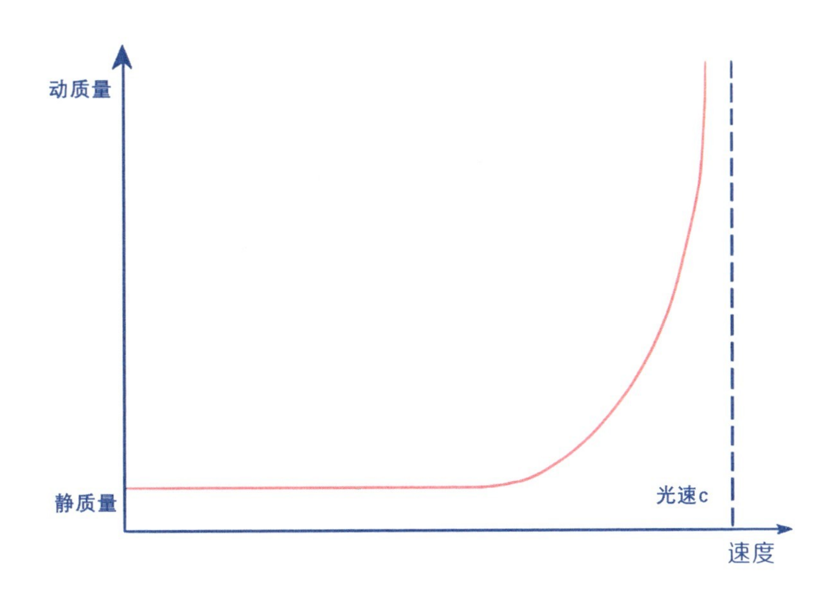


无限逼近光速的针虽然厉害，但是想要制造出来也不容易。试想一下，当一根针变得像太阳那么重的时候，我们人类该如何给它加速呢？同样的道理，人类也很难把宇宙飞船加速到接近光速。

到目前为止，人类加速较快的飞行器有太阳神 2 号探测器。在飞往太阳的过程中，太阳神 2 号受到巨大的引力作用，将它的速度提升到了大约 70 千米 / 秒。换算一下会发现，探测器以这个速度飞行 1 小时，才相当于光 1 秒钟运动的距离，和光速相比还差的很远。

飞行器的质量太大了，那我们换个思路，给微小的粒子加速。现在世界上运行的各种粒子加速器里，人类最快可以将电子加速到差不多小数点后 7 个 9 的光速，这个速度和光速相比，只相差一只蜗牛爬行的速度。但是，就是这个蜗牛爬行的速度差，人类似乎永远也弥补不了，因为再继续加速下去，电子就好像变得越来越重，越来越难再被加速。如果电子的速度真的达到了光速，那么一个电子的动质量甚至会达到无穷大。

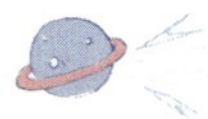

虽然物体的加速变得越来越困难，但是需要指出的是，物体运动相关的能量仍然是在不断增加的。在物理学中，“动质量”所对应的能量，与最初始的静质量对应的能量之间的差值，就被称为“动能”。

最后，总结一下对质能方程 $E=mc^2$ 这个公式的认识。质能方程在看得见摸得着的“物质”和看不见摸不着的“能量”之间建立起了等价关系。这个公式可以解释各种物质和能量的相互转化，例如为何太阳会释放出光和热，为何夜空中会有璀璨的星光。这个公式也是原子弹、氢弹的理论基础，它塑造了我们今天的世界秩序，也在不断提醒我们和平的重要意义。这个公式能释放出巨大的能量，它是核电站、可控核聚变、反物质飞船的物理基础，它指引着人类文明未来的前进方向。

1. 光是一种电磁波，但同时光可以被看成是由无数微小的基本粒子“光子”所构成的。

2. 根据相对论，物体的动质量在接近光速的时候会无限增大。

扫一扫，听听傅博士怎么说

英国科学期刊《物理世界》曾让读者投票评选“最伟大的公式”，最终有十个伟大的公式入选，其中既有数学的基本公式 1+1=2，也有著名的质能方程 $E=mc^2$。请你搜索相关资料，了解一下还有哪八个重要的公式入选了“最伟大的公式”，它们各自又因为什么而伟大？

**图书在版编目（CIP）数据**

写给孩子的相对论．神奇的光速 / 傅渥成著．
北京：中国纺织出版社有限公司，2024. 11. -- ISBN
978-7-5229-1839-6

I. 0412.1-49

中国国家版本馆 CIP 数据核字第 2024YR1902 号

责任编辑：向　隽　林双双　　　　特约编辑：史　倩
责任校对：高　涵　　　　　　　　责任印制：储志伟

中国纺织出版社有限公司出版发行
地址：北京市朝阳区百子湾东里 A407 号楼　邮政编码：100124
销售电话：010—67004422　传真：010—87155801
http: //www.c-textilep. com
中国纺织出版社天猫旗舰店
官方微博 http://weibo.com/2119887771
北京华联印刷有限公司印刷　各地新华书店经销
2024 年 11 月第 1 版第 1 次印刷
开本：710 × 1000　1/16　印张：11
字数：120 千字　定价：58.00 元